生活需要幸福感

宇霏 — 著

中国华侨出版社

北京

幸福是什么？自古以来，这似乎是大家一直在谈论的话题。有人认为幸福是一种感觉，有人认为幸福是一种可以不断达成目标的人生状态。对幸福的理解，每个人的答案可能都不尽相同。不过有一点可以确定：幸福是我们渴望永远持续的一种境界。

幸福也许过于笼统，我们不妨探究一下更加直观的幸福感究竟是什么？

幸福是一种感受良好时的生活状态，幸福感是人类自身拥有满足感和安全感之后主观产生的一系列欣喜和愉悦的情绪。它不同于快乐、快感，不是短暂而易逝的，只是获得起来并不简单。

幸福感作为社会心理体系的一部分，受到许多复杂因素的影响，主要包括：经济因素如就业状况、收入水平等，社会因素如教育程度、婚姻质量等，人口因素如性别、年龄等，文化因素如价值观念、传统习惯等，心理因素如民族性格、自尊程度、生活态度、个性特征、成就动机等。

即使我们已经拥有了一些幸福感，在日常生活中必须还要注意一点：防止幸福感的流失。有些情绪就像小偷一样伴随我们，偷走我们的幸福感，比如嫉妒、压力、恐惧、烦躁、忧愁、怨恨等等的负面情绪。怎样阻止这种流失呢？幸福心理学家告诉我们，有这样一种东西，它是一种观念，它能够帮助我们改变旧有的观念，在以后的时间里变得更加积极面对人生，更加重视自己的生活；同时它也是一种行动，只是帮我们产生积极的意识还不够，还需要我们的行动。它就是幸福心理学。

本书汇集了幸福心理学最精华的理念，结合当代大众普遍渴求幸福的心理需求，对我们为什么不幸福、什么才是真正的幸福、谁剥夺了我们的幸福、什么在阻碍我们得到幸福、怎样才能感知幸福等问题分章讨论，辅以日常案例，层层深入，从心态、情感、工作、财富、健康等几个方面解答了长期盘踞在人们心中的对幸福的困惑，并给出了详细的指导建议。对于目前快节奏、高压力的生活，年轻人心中普遍存在着消极情绪和迷茫感，本书无疑会起到良好的舒缓和引导作用，为大家指明幸福的方向和人生追求的目标。从这个意义上来讲，《生活需要幸福感》也是一本极具励志意义的心理教科书。

目录

一

第一篇　解读幸福的密码：什么是幸福

第一篇

解读幸福的密码：

什么是幸福

第一章　看破幸福的本质

幸福是一种能力，科学地使用才能发挥

幸福是一种能力，学会科学使用是我们的必修课。美国著名心理学家，积极心理学的倡导者马丁·塞里格曼提出，乐观是一种积极的认知风格，它使一个人在遇到挫折困难时，有三种积极的解释方法：一是认为挫折只是暂时的，不是长久的；二是认为挫折只是特定性的，而非稳定的；三是认为挫折多是由外部原因引起的，而非完全是内在因素导致的。塞里格曼教授在美国宾州大学开设了世界上最早的积极心理学课程。在课堂上，他要求学生做一项感恩练习：每天临睡前，写下三件值得感恩的事情，坚持八周。结果学生发现了许许多多令人喜悦的事情。

美国心理学家尼古拉斯花了20年时间跟踪调查了5000多人，调查结果表明幸福具有传染性，能够在人与人之间蔓延，当人们彼此贴近时，会因为彼此的幸福而变得更幸福。比如，一个人感到很幸福，那么距离他一公里外的好朋友的幸福指数也会上涨15%。

越来越多的学者在关注幸福这门科学，既说明幸福问题受到了人们的普遍关注，也说明幸福是一种能力，是可以改进和提高的。

无论我们正处于何种生活状态——遭遇不幸，经历变迁；或追求卓越，名利双收；也无论对人生正经历困惑、求索还是领悟，我们对生命都要负一个重要的责任——让自己更幸福。

从某种意义上讲，人类的终极目标只是一个——幸福！为了找到幸福生活的实质和方法，积极心理学家们与其他的社会科学家和哲学家一起投入了大量的时间和精力。研究结果表明，追求幸福具有简单可行的

方法，它们绝对可以帮助你活得更快乐、更充实。

中国学者岳晓东说："幸福是一种能力，是自我的修炼。"幸福的修炼，在于有效积极地化解失败与失落带来的负面情绪体验，以减少对忧愁烦恼的体验。在漫漫人生中，快乐、满意、希望是常态的等待，而郁闷、愤怒、内疚只是偶尔的访客。

幸福不仅仅是一种状态，而是一门科学，更是一种能力，幸福也不是一成不变的，你有没有能力提高自己的情商，改变自己的认知，决定了你能不能让自己获得幸福。经营幸福的能力决定了自己的幸福指数，那些幸福的人都是有能力经营幸福的人，那些现在还不幸福的人，一定要从此刻起，关照自己，提升能力，从而提高幸福感。

幸福就是比舒服和满足更进一步的状态

当一个人审视自己的生活和状态时，能够觉得很舒坦，满意地点点头，经常对自己微笑，而且很少对人发脾气，对周围的一切怀着好奇，讨论时会不自觉地眉飞色舞，这样的人对于自己和别人来说，都可以称为"主观上的舒适"。

但是，物质上的舒适体验是否也能归为幸福呢？当你身体躺在盛满热水的浴缸里，或是从宜家买了一张最新款式的沙发，又或者大吃了一顿新鲜奶酪，这些抚慰你各种感官的事与物能带给你幸福感吗？就像是刚才对于"幸福"和"满足"两者之间的比较，在物质层面的"舒适"之上还应该有一种更深层次的需求，仅靠感官满足是无法达到的。我们经常感到满足，却误认为这就是真正的幸福。但是，当我们解决了自己的某种需要时，这时候产生的感觉是满足，而幸福却不一定如此直截了当。幸福感来得更深刻、更有力度，能够超越物质的特质。

零点研究咨询集团曾电话访问了国内 12 个城市 2014 位 18 ～ 45 岁的都市女性，在对她们的婚姻、教育程度、职业和收入等进行了大量的信息分析后发现，在创造幸福指标中，财富力和社交力所占权重最高，分别为 24.8% 和 16.84%，但得分都比较低，分别为 71.4 分和 73.1 分。

受访的都市女性的幸福与满足之间的拐点是月收入 10000 元。当她的月收入超过 10000 元以后，她的幸福力基本保持稳定，财富对提升幸福的贡献就不那么明显了。

满足这种充实感，既要满足"经济人"的需要，又要满足"社会人"的需要；既要注意"时差"，又要注意"事异"。毕竟，此一时非彼一时，此一事非彼一事，人的欲望无穷，人的追求有异。因而，满足总是因时、因事而论。

幸福包括满足，满足不一定是幸福，当一个人的物质需要都达到理想的状态时，他就会满足。但满足不代表就一定幸福，当一个人的物质得到满足，并且精神层次不再考虑自己还有什么不满足时，那就是幸福，满足是你还在思考的状态，满足是相对的，你还有未满足的，只是你现在没想到而已。但是幸福，就是你已经不再为这些问题而烦恼的时候。

正如诺贝尔奖获得者、心理学家丹尼尔·卡纳曼提出的，人们一直认为金钱使他们幸福的原因就是通过追逐金钱可以达到传统意义上的成功。事实上，拥有大量金钱和地位的人只是对他们的生活感到满足，而不是幸福。

慕尼黑的幸福感研究者贝尔德·郝尔农认为："幸福是一种主观上的舒适，某个人认定了自己身心都感到舒适，便可以称自己是幸福的。"而美国专门从事幸福感研究的心理学家则将这种"主观上的舒适"细分为三个要素：

1. 生存所需要的满足感。

2. 时常感受到积极情绪。

3. 能够化解消极情绪，特别是抑郁、偏执和恐惧。

满足感只是幸福的一种表现或是得到幸福的先决条件。满足感能够持续一段时间，而幸福则不能，它们根本不在同一个层面上。可以说，幸福是满足的巅峰体验，如果人们各种欲望对应的满足感就像是一座山，那么最顶峰的那一点才是幸福。满足不一定会令人流泪或是欢呼，但是，幸福绝对可以。

当我们回首自己的人生路，会发现生活满足感并非停留在某一个程度上，而是按照一定趋势向上发展着。如果只是满足生理上的需求，我们不会得到真正的满足。我们能够明显地感觉到，与吃一顿饱饭相比，凭借自己的劳动来赚得一顿饭肯定更有成就感，让你更能感到幸福。其实人们对幸福的感受会比对满足感的程度更深一点儿，幸福是一种比满足感和舒适感更强烈一点儿的感觉。

有这么一个哲学命题：这个世界上有两类人，出两元钱让其中一类人去挑一担水，他们一定会去做，因为他们想，多挑几担水，不断积累，等有了点儿积蓄后再做个生意，我就发财了；而对于另一类人，即使出10元钱的好价钱让他们做同样的事，他们也不会去做的，因为他们是这样想的：10块钱又怎么样呢？挣到了花光了我还是穷啊。

后一类人总是笑前一类人，你们那么拼命奔波赚钱是为了什么？还不是为了享乐、活得快活，我们什么都不做，就活得快乐潇洒，你们那么拼命不也是为了追求这种境界吗？

如果你认为一个人的人生目标只不过是一种难以捉摸、毫无意义的感觉，那么生命实在算得上是一场悲剧。然而，你又不断注意到人们花很多时间来追求幸福，那么，你会得出什么结论呢？你也许会说，"幸福"这个词并不是用来指代任何一种美好的感觉的，而是用来指代一种非常特别的、只有通过特别的手段才能够获得的美好的感觉的。

一个人，尤其是所谓的功成名就的人，在回顾他走过的道路时，他一定会发现：所谓的幸福，并不在于愿望得到满足，而在于心里永远存在希望的感受，哪怕心里的愿望一辈子都有可能得不到满足，但这个愿望的本身就已经会令你感到快乐，会激励着你不断前行。我们追求幸福的过程，就是在追求这种满足感与舒适感，即使生活并非都如我们所愿，但是这种满足和舒适的感觉累积到一定程度，我们就会发觉幸福的到来。

幸福和很多事情一样并不是非此即彼

生活中有很多事经常会使我们处于一种两难的境地，面临选择时我们头脑里一般只会浮现两个选项：错或者对，好或者坏。现实告诉我们只有放弃一样东西才能选择另一个。那么幸福呢？幸福是否也是要么幸福要么不幸福呢？

孩子看书、电影的时候，总会爱问大人："这是好人还是坏人呢？"在孩子的意识中，这个世界上的人，如果是好人，就是可以接近或信任的人；如果是坏人，就是坚决不能理睬的人。在孩子幼小的心灵中，这个世界上就不存在不好不坏的人。大人们也是时常将"好人坏人"挂在嘴边。

这种"非此即彼"二元对立的思维模式经常出现在我们的日常生活中。例如，我们常听到这样的话：你是要你的胳膊，还是要你的腿？你是要你的母亲，还是要你的夫人？你是要成功的事业，还是要幸福的家庭？你是要金钱，还是要你所喜爱的工作……实际上这些事情常常都是同时成立的，甚至是可以同时实现的，而非二元对立的。一个人若吃得起熊掌，也一定吃得起鱼，所以鱼和熊掌很多时候也是可以兼得的。

假如钱越多越不幸福的话，钱越少就越幸福吗？现实中普遍的情形是，很多的低收入者羡慕高收入者，而很少有高收入者羡慕低收入者。

金钱的确不能等同于幸福，也买不来幸福。但是，如果使用得当，金钱有助于幸福。金钱固然买不来朋友、买不来父母，但是能买来许多生活必需品，如房子、家具、衣食和玫瑰花。

丹麦哲学家克尔恺郭尔曾说过这样一段话："如果你结婚，你就会后悔；如果你不结婚，你也会后悔；无论你结婚还是不结婚，你都会后悔。嘲笑世人愚蠢，你会后悔；为之哭泣，你也会后悔；无论嘲笑还是痛哭，你都会后悔。信任一个女人，你会后悔；不信任她，你也会后悔。吊死自己，你会后悔；不吊死自己，你也会后悔。"中国作家张抗抗曾写过一篇散文《女人为什么不快乐》，文中列举了许多不快乐的女人：老公没钱的女人不快乐，老公有钱的女人也不快乐；美丽的女人不快乐，丑陋的女人也不快乐；结婚的女人不快乐，独居的女人也不快乐；贤妻良母型的女人不快乐，女强人也不快乐……从哲学家和作家的思想中我们可以看出，幸福是一个连续统一体。人类的生活既不存在绝对的幸福也不存在绝对的痛苦，生活的感受本来就不是非此即彼的幸福与痛苦。幸福与痛苦本来就是浑然一体的，只是被人类人为地割裂了。其本真的状态就是"混沌"状态，因为人为地分开导致"混沌"消失，幸福也就远离了我们。

有一位年富力强的人在职务竞选中失利了。他对自己的评价是："我输掉了竞选的机会，今后我再也不会有发展前途了，一切都归零了。"这类人一遇到挫折，马上就会产生彻底失败的感觉，随即丧失的就是自信，他们会觉得自己已经不具备任何价值。

学生害怕考试是正常的事。有的学生，平时成绩一直是A，偶然在一次考试中得了B，随后就说："我现在算是全失败了。"稍微遭遇点儿坎坷，就从一个极端走向另一个极端。面对高考落榜，就认为自己是彻底的失败。

"我没有考上大学，我的一生就要完蛋了。"只要生活中出现失利的事情，这类思维方式的人就会倾向于用一种非黑即白的方式去评价事情。面对爱情，会觉得爱情这东西，不是快乐，就是痛苦；对结果，如果不能达到自己制定的"完美"标准，就觉得自己"完全"失败了；一遇挫折，就会有彻底失败的感觉，认为自己不再具有任何价值了。

"非黑即白"带来的结果：自己不信任自己，自己否定自己的幸福。

欧文走进咨询室的时候已经是一个有6年工作经验的老员工，但他自述在工作中很难找到认同，并时时觉得痛苦。

欧文最近参与了公司的一个新项目，随着项目的进行，客户不断提出新的要求，欧文认为其中有合理的，也有不合理的。对于自己认为合理的要求，欧文会全力满足，而对于觉得不合理的要求，则会直接拒绝。直到引发客户投诉、上司介入后，他也坚持认为自己是对的，上司的妥协是没有原则的表现。在欧文的职业生涯中，这样的情形重复出现，同事们都评价他是一个努力、认真但过分固执的人，这让他对职场充满了失望，并常常有孤军奋战的感觉。

欧文追问："真理只有一个，所以，不是对的便是错的，不是好的便是坏的。"

欧文的苦恼源自他陷入了心理学上常见的"非此即彼"的认知曲解

中。我们身边不乏这样的人：对任何一件事情，他一定要分出个是非对错，世界在他们眼中是一分为二的，不是在这一面，就是在这一面的反面。

正如亨利说过："当一个人标榜他已做到十全十美的地步时，他的容身之处就只剩两个地方：一个是天堂，另一个是则是疯人院。"有一个很简单的办法，可以改变非黑即白、非此即彼的思维习惯。就是学会保存一个"中间地带"，放弃完美主义情结。

大千世界不乏"中间人物"：比坏人好，比好人坏的人到处都有。男女之间会产生爱情，也会产生友谊；做不成夫妻就做朋友，做不了朋友就当陌路人，不至于非要做仇人；一次失败并不表示自己永远不会成功，失败只是成功的一个过程，每个成功者都有失败的经历；这件事情做得不够完美，我们还有机会从头再来。

很多人有过这样的体验：当对一个原本不喜欢的人改变看法后，忽然觉得这个人的长相也变得顺眼起来了。

任何事情不可能只有对或错、好或坏两种绝对的结果。每件事情都会有它的灰色地带，那就是不好也不坏。幸福也是一样，它不是二进制的非此即彼，不是单纯的只有幸福与不幸福的区分，也存在着幸福与不幸福的中间状态，如果简单地用幸福或者不幸福，用好和坏来判断事情，这会影响一个人对自己以及对别人的幸福评价。

幸福是坦然承受一切，随遇而安

有一则故事是这样的：

有一个女孩，在沙滩上意外释放了一个被禁锢已久的精灵。

为了答谢她，精灵说："我可以赋予你理想的人生。只要你能从沙滩上捡起一个最完美的贝壳。贝壳愈美，你的生活也会愈美。"但精灵有一个附加条件："你只能笔直地往前走，不可以回头。而且，你一次只能捡一个贝壳。换句话说，如果你看到其他更美丽的贝壳，就必须放弃手上已经捡起的那一个，才能再捡。"女孩开始仔细地搜寻沙滩。

虽然捡到了漂亮的贝壳，但女孩心想："沙滩上一定还有更美的！"于是，她捡起了一个个贝壳，却又放弃了一个个贝壳。

沙滩走到尽头，她才赫然发现，自己手中握着的贝壳平凡无奇，远远比不上先前捡拾的美丽！但是，这时候后悔已经来不及了……

这就是人性，放弃的，永远都是最好的！

我们总是希望自己银行存款再多一点儿、权力再大一点儿、脑袋再聪明一点儿……当然，如果我们的容貌能再美一点儿、帅一点儿，那就太棒了！

其实，我们从来没有错过幸福，也不必望眼欲穿地期待幸福降临。因为当下就是幸福，只要我们去照照镜子，就能见到世上最幸福的人！

星云大师曾经说：幸福不在于物质上享有多少，而是感觉拥有多少。没有人能够掌控生命中随之而来的变量，但是我们可以决定面对它的态度。我们总是忘记了，幸福不是获得我们还没有的一切，而是认识和欣赏我们所拥有的一切；不是依赖任何外在的人或事物，也不是来自变幻无常的情绪与感觉，而是心的一种清楚、愉快与平静的状态。

小枫出生在一个贫穷的农民之家。母亲从他记事时起，就常年有病，每天吃的药和饭一样多。由于贫穷的原因，父母的脾气都不太好。因此自打他记事时起，他就生活在担忧和恐惧之中。

上小学一年级的时候，他妈妈因为病重去县医院住院，一住就是一个多月，爸爸除了在田地里干活儿，就是去县医院看护妈妈，根本就没有时间和精力照顾他。他家和奶奶家的关系又不太好，因此他也很少得到奶奶的关怀。爸爸妈妈不在家，他要想上奶奶家吃饭，就要从他家带一瓢面，因此他很少到奶奶家吃饭。他不是自己做饭，就是让同学的妈妈帮助做一下。他自己只会熬粥，当时他家用煤块烧火做饭，烟熏的泪和辛酸的泪混合在一起，真是饱尝了艰辛的滋味。

妈妈出院之后，病并没有好。爸爸从邻居处找到了一个偏方，妈妈吃了之后，病情有所好转。之后爸爸又一边自学中医，一边给妈妈开药，妈妈就这样慢慢脱离了危险。可是打那之后，妈妈每天都要吃药。他每天都在担心妈妈会离开他。

在这样的环境中，小枫渐渐长大，他以年级第二的成绩考上了中学。随着年龄增长，他逐渐地意识到自己家庭的贫穷，也逐渐地感到社会的压力。

他自己不甘家庭贫穷的命运，觉得只有走出家门，才是自己唯一的出路。可是他又背负着沉重的心理负担，不能安下心来好好学习。

上了高中之后，他的心理压力更是有增无减。家里的贫穷，使他无颜在村里立足。每天他在天没亮时上学，在天黑后回家。他一米八的个子，不能为家里做贡献，还花家里的钱，看着父亲操劳，他心里非常焦急。可是上学之后，又无法安心学习。

好在他一直没有放弃，经过几年的努力，小枫终于考上了大学。毕业之后，他又为分配担忧，有了工作之后又为谈恋爱担忧，又为结婚担忧。总之这么多年，他一直生活在压力之下，生活在担忧之中。

而立之年，他终于醒悟过来，一个人只要学会享受生活，热爱生活，无论他生活在什么环境中，都会发现生活的美好！

人活着，还要懂得享受生活，不要把全部精力都放在争名逐利上。这样就会得不偿失。人在努力的同时，要懂得享受生活的幸福。

人生路上，有太多不可预期的事情，懂得尽情享受老天所给予的一切，那么不管处在生命的低谷或高峰，都能够看见幸福，享受幸福。

乐观的人容易遇上有趣的事，如果你常常不开心，可能你已忘了快乐的节奏感。只要你常到使你快乐的地方，再花点儿心思，留意周围的事物，你不难发现一些令人开心的事物。其实快乐是无处不在的，只是一直被我们忽略了！

2012年1月，惊悚电影《惊魂游戏》看片会在北京举行。导演周耀武率领主演胡兵、赵铭亮相。离开中国5年了，胡兵说自己改变挺大，

"改变的是心态，现在更成熟"。胡兵透露，这些年他在美国学习电影表演和吉他，"我现在40岁，我享受40岁的快乐。虽然拍摄《惊魂游戏》的条件十分艰苦，但我苦中作乐，将拍摄视为一次回归自然的旅程。"岁月对我们来说，永远是一条绵绵不绝的河流，生命正是一条载着理想、幸福和快乐的航船，只要航船还行驶在水面上，就要痛痛快快地享受两岸美丽的风光，就要尽情地享受那托起航船并把生命航船推向前方的河流的力量。

　　只要我们的心态不老，我们就会感受到自己的年轻；只要我们不绝望，那未来就会永远地属于我们；只要心里还有梦，我们就没有时间惋惜那似水流年悄然而逝的光阴。不管生活给我们的是什么，我们都要快乐地接受它，用心感知它，然后我们就会发现原来这就是幸福，原来幸福就是不论老天给我们什么，我们都能享受到上天赐予我们的生活，感知这种生活中的幸福。

第二章　现在的你，幸福吗

我们看似拥有很多，为什么并不快乐

　　早在经济落后、科学不发达的年代，人们吃不饱，穿不暖，经常忍饥挨饿受冻。那时候，人们一心想要实现的只是改善物质生活，过上丰足富裕的生活。现在，这个目标已经实现，人们又幻想着更加富裕的生活。在人们的想象里，所谓的富裕生活的标准就是三菜一汤，哪怕加上一个咸菜凑足了三菜一汤，也觉得是莫大的欣慰和幸福。

　　如今，我们越来越富有，在基本的生活保障之外也有了越来越花哨的娱乐和消遣，但曾经三菜一汤的幸福却一去不复返，可能家里随随便便烧一下就能凑够这个数量了。可是现在这些并不会让我们再露出当初的笑容。

　　为什么如今的生活富裕了，可我们却还不开心呢？幸福到底是什么，它从何而来，与财富又有着怎样的关系？

　　曾经，幸福是一个何等神圣又神秘的词语，关于幸福的讨论，是一个永恒的话题。早在 2000 多年前，希腊的哲学家就开始关注幸福这一概念。19 世纪末，经济学家马歇尔将幸福与物质需求的满足相联系。从此以后，在经济学中，"幸福"这一概念便逐步被"效用"所代替。幸福一度被等同于需求的满足和福利的增加，等同于人们占有多少商品，拥有多少财富。

　　"我们越来越富有，可为什么还是不开心呢？"这是令许多美国人深感困惑的问题。而许多国家，也正在步美国的后尘。

　　1957 年，英国有 52%的人表示自己感到非常幸福，而到了 2005 年，

只剩下 36%。而在这段时间里，英国国民的平均收入却提高了 3 倍。

相较于英美这些发达国家，一些并不富裕的国家幸福指数反而较高。荷兰鹿特丹伊拉斯谟大学教授吕特·费恩霍芬主持的"世界幸福数据库"最新排名中，丹麦高居全球幸福榜榜首，美国表现平平，仅列第 15 位，中国内地的排名处于中等水平，津巴布韦因受政治和社会冲突影响，成为"最不快乐"的国家。不丹王国成为"黑马"，虽然识字人口不足半数，却在幸福排名中位列第 8。原来，不丹很早以前就颁布法令，把国民幸福标准规定为"国民幸福总值"（GNH），舍弃传统的国民生产总值（GNP）。

"世界幸福数据库"的调查对象遍布全球 95 个国家和地区，整个调查历时 17 年。幸福评定标准包括民众的受教育情况、营养状况、对恐怖和暴力事件的担心程度、男女平等度和生活的自主选择度等。

结果显示，有 40 个国家的幸福指数明显上升，其他 12 个国家则是略有下降。调查表明，国家福利政策与人们的幸福感并无直接联系。影响幸福的因素有很多，比如，已婚人士通常比单身人士幸福感更强，但有孩子并不能增加幸福感；受教育程度与智商高低对幸福感影响不大；65 岁以上老年人通常比年轻人感觉更幸福；友情对幸福感至关重要。幸福感的影响因素中有 50% 属于遗传，就像体重和性格，往往后天变化不大。财富不是评定幸福的唯一标准，它只构成了人们对于幸福认知的基础层面。这一情况在世界范围内适用，自然也包括中国。

来自中国企业家调查系统的分析报告指出，2005 年至 2009 年，超过八成的中国企业家认为自己承受很大或较大压力，而其幸福感呈逐年下降趋势。2009 年的调查显示，89.5% 的企业家认为自己"压力很大"或"压力较大"，只有 9.6% 认为"压力较小"，0.9% 认为"没有压力"。

在市场经济快速发展的今天，企业家的幸福感早已经无法被轻视。浙江财经学院挫折心理学研究所所长黄学规教授，以及浙江工商大学公共管理学院马良教授在一档节目里，都谈到了中国企业家幸福感滑坡的原因，并解析为什么要保护企业家的幸福感，以及获得幸福的渠道等。

其实，幸福无关乎财富的多少，贫穷的时候，我们渴望财富。带着这份美好的憧憬，我们努力奋斗着，每一个目标的实现无疑都是一份幸福。

但是富裕的时候，我们渐渐发现财富已经无法带给我们幸福了，一旦我们心中没有坚实的信念和支柱，只能从与他人的比较中来获得暂时的安慰和满足，而这种所谓的安慰也只是一时的快感，不是真正的幸福。

幸福不是物质的享受，不是名利的攀比。幸福是一种充满智慧的生活态度。真正的幸福，是最为纯粹的内心感受，不需要任何的虚饰和装点。对于追求自己的幸福，我们往往没有足够的自信，因而需要许许多多的物质积累，来增加自己的信心，然而这一切是否增加了真正的幸福？幸福或许很复杂，幸福又或许很简单，只要拥有足够的生活智慧，每一个人都可以获得幸福。

我们时常会问自己，我们越来越富有，为什么还是不开心？其实道理很简单，追求幸福，并不需要去追求财富，追求财富，并不能追求到真正的幸福。财富不是幸福的唯一标准，只要你敞开心扉，快乐地去生活，勇敢地去追求幸福，幸福终究会降临。不需要任何的矫饰，不需要任何的附属，幸福就是最为简单而纯粹的心灵体验，感受一切的真善美，用心体会生活的每一个微小的细节，你便可以感受到幸福。让我们放弃单纯地对财富的追求，用心去追求属于我们自己的真正的幸福吧！

历经苦难达成夙愿，以后就幸福了吗

当我们完成一个目标后，或者说实现心中的一个梦想后，我们肯定会露出喜悦的笑容。但是目标的达成、梦想的实现，并非意味着幸福的到来。其实生活中的很多人，他们的头上可能有很多的光环，但是他们自身并不会觉得很幸福。

看到这种情况，可能很多人会说："达到心中的梦想了，你还不幸福？可真是站着说话不腰疼。如果你一生碌碌无为，做什么都不成功，看你还幸福不幸福。"的确，幸福不是绝对的，它是一个相对的概念。如果你急需成功，那么幸福对你来说可能就是实现目标。但凡事都是物极必反，如果我们只是一味强调达到目标、实现梦想，而忽略了如何去享受身边的幸福，那就得不偿失了，毕竟幸福才是我们所追求的终极目标。

一项针对青年人的调查显示，他们最渴望得到的是幸福，胜过生命、爱情、成功、友谊。在另一项调查中，有的人认为世界变得更健康也更有智慧了，但却比以前缺少幸福，道德也更败坏。这难道是成功吗？我们究竟怎样来界定幸福的含义呢？

可能有人会怀疑，舍弃地位和财富而注重追求幸福和意义，会不会需要以牺牲成功为代价？如果好成绩和好学校不再是动力，学生们会不会丧失对学业的兴趣呢？或者，如果升职和加薪已经不再吸引员工的话，他们会不会因此而不再那么努力了？在努力向"幸福型"转变的过程中，人们经常考虑它是否会影响自己的成功。

人们对于幸福的理解不同。有的人认为幸福源于金钱，也有的人认为是权力，更有的人认为是不断的索取，其实这些都是片面的理解。人生真正的幸福来源于人生价值的实现。只有幸福是不足以达到幸福境界的。同样，只有目标感也不够。无论目标怎么伟大，长期坚持做一件事都是非常困难的，如果在过程中没有幸福，我们便难以持久地坚持目标。对光明未来的预见，通常只能在短时间内维持我们的动机。而那些也许可以忍受没有及时满足的痛苦的人，往往因疲于奔命而根本没有时间来感受幸福。

幸福并不只是完成某项目标，更宝贵的是过程，过程的体验更能磨炼你的内心，让你的内心得到更多的全新体验。当我们体会到了更多的幸福时刻，我们就希望在制定生活目标时，能够掌握并运用更多技巧。

生活中，我们总会遇到梦想与现实的选择。最普遍的成功的象征是一份高薪工作或是晋升。当大多数人得到认可的时候，事业的梯子就在他们眼前了。虽然只有少数人能够在竞争中取胜。正是这种概率的相对较小，使得很多家长都不断地敦促孩子进入所谓的高薪行业，而不是鼓励他们从事真正热爱的职业，因此，他们不幸福。但是到我们有孩子的时候，我们又以同样的要求来对待我们的孩子，不断地告诉他们"实现心中的梦想吧，你会幸福的。"其实那些所谓的梦想只是你的梦想，幸福不仅仅是目标的实现和梦想的实现，还有很多很多……专心享受你所做的事情，而不是一味向前冲。如果你热爱自己的工作并为之不遗余力，就能够披荆斩棘，勇往直前。即使不能成功，也无须担心，因为无论结果如何，过程中的你都是幸福的，我们需要做的就是享受幸福的过程。

面对不幸和窘迫，我们要用积极的心态来抵御

联想一下自己的生活，你是哪种人？是各种情况的被动受害者还是主动者？面临挫折时，被动受害者和积极主动者往往会做出完全不同的反应。

设想你是被动受害者，如果有一天你同恋人分手了，那你只会整日为自己感到难过，整日对镜自怜，叹息自己为什么陷入失恋中，这简直太糟糕了，糟糕透顶。紧接着，可想而知，你会从一个受害者变成一个抱怨者，认为另一半很糟糕，分手都是他的错。你怨他，甚至抱怨自己的父母，抱怨他们养育不当，甚至你会抱怨朋友。抱怨之后，你变得沮丧和愤怒，对他生气，对你父母生气，总之，你很愤怒，结果呢？没有结果。因为你只是沉迷于反思和自怜的被动消极之中而无法自拔。

而作为积极主动者，如果遭遇分手，你可以去能认识他人的地方，可以去美食街，或者另一个约会地点，那样你更容易找到伴侣。这并不意味着不给自己时间、空间去让自己感受痛苦的情感，以及摆脱这种情感。相反，积极主动者一定会摆脱它，在适合的时间——它可能是现在，可能是一两天后（允许自己人性化），去行动，去承担责任，去做事情。这样，你对希望和乐观的自信就会增加。就像在自我应验预言课程中所说的，希望和乐观会变成自我应验预言。

对于每个人来说，让自己的生活充满意义是一种责任。因此，对于任何人来说，我们都应该培养积极的心态，用积极的心态驱赶不幸与困苦。

鼓励大家要努力培养自己的积极心态，这是为自己人生负责的前提，也是预防困苦和不幸最有效的方法。那为什么积极的心态会产生如此大的力量呢？其实，积极的心态并不具有一种神奇的魔力，它并不能无中生有，给失业者变出一个工作，事实上一切都有迹可循，最终还得靠我们自己。积极心态的巨大魔力就在于，它能够调整人的心态，让你有力量驱赶不幸和困苦。

试想，当你心中充斥着不满、怨气和仇恨时，你怎么可能尽心尽力

地去工作、生活？倘若遇到朋友时，你仍然怨天尤人，闪烁其词，又怎么可能会有人喜欢与你相处？因此，积极心态指的是，在看待事物时，应考虑生活中既有好的一面，也有坏的一面，当强调好的方面，就会产生良好的愿望与结果。当你朝好的方面想时，好运便会来到。

积极心态是一种对任何人、任何情况或任何环境所把持的正确、诚恳而且具有建设性，同时也不违背人类权利的思想、行为或反应。积极心态允许你扩展你的希望，并克服所有消极心态。它给你实现自己欲望的精神力量、热情和信心，积极心态是当你面对任何挑战时应该具备的"我能……而且我会……"的心态。积极心态是迈向成功不可或缺的要素，积极心态是成功理论中最重要的一项原则，你可将这一原则运用到你所做的任何工作上。人的成就绝不会超过一个人心中所想，心存高远成就也大，燕雀之志只能是小打小闹。

威廉·丹福斯，是布瑞纳公司的老总。小时候很瘦弱，就好像许多健身广告里"练习前"的那种瘦小体形。可能是受到体形的影响，他对自己感觉很差，加上瘦弱的身体，这种不安全感加深了，这种不安全感使他看起来更加怯懦。

但是，自从他在学校里遇到一位老师，他的一切都改变了。有一天，这位老师私下把他叫到一旁说："威廉，你的思想错了！你认为你很软弱，就真会变成这样一个人。但是，事实并非一定会这样，我敢保证你是一个坚强的孩子。""你是什么意思？"这个小男孩问，"你能吹牛使自己强壮吗？""当然可以。你站到我面前来。"小丹福斯走到老师的面前。"现在，就以你的姿势为例。它正在告诉我你是一个怯懦的人。我希望你做的是考虑自己强的一面，收腹挺胸。现在，照我说的做，想象自己很强壮，相信自己会做得到。然后，真正去做，敢于去做，靠自己的双腿站在世上，活得像个真正的男子汉。"丹福斯照着他的话去做了。之后威廉·丹福斯的一生都始终保持着精力充沛、健康、有活力的状态。他始终坚信一句话："记住，要站得直挺挺的，像个大

17

丈夫。"

正如一位心理学家说："在人的本性中有一种倾向：我们把自己想象成什么样，就真的会成为什么样子。"因此，在心中为自己勾画出一幅清晰的蓝图十分重要，因为预定蓝图会使你自己预想的成功或失败变成现实。

当然，这里的想象并不是漫无目的的狂想。想象是一种关于影像设计的艺术或科学，你可以把它叫作成像。你对自己有什么样的影像十分重要，因为这个影像会成为事实。

著名心理学家威廉·詹姆斯说过：世界由两类人组成，一类是意志坚强的人，另一类是心态薄弱的人。后者面临困难挫折时总是逃避，畏缩不前。面对批评，他们极易受到伤害，从而灰心丧气，等待他们的也只有痛苦和失败，但意志坚强的人不会这样。他们来自各行各业，有体力劳动者，有商人，有母亲，有父亲，有教师，有老人，也有年轻人，然而心中都有股与生俱来的坚强特质。所谓坚强特质，是指在面对一切困难时，仍有内在勇气去承担外来的考验。

实际上，积极心态的巨大作用就体现在，从你现在的思维模式便能预测你将来成功与否。现在，我们要对所说的"成功"一词加以界定。当然，我们并不仅指纯粹的成功，而是指比这更难做到的功业，即如何使你的生活过得更有意义、更有效率。它指的是，作为一个人，你成功了；面对困难，你能自我控制，有条不紊，不成为难题的一部分，而且能提出解决之道。我们为自己定下的目标是：过成功的生活，成为有创造力的人。

如果你预先想到自己会成功，你便会去实施使自己成功的行为。只要我们运用积极心态的原则，每个人都会成功。即使诸事不顺，也别轻言放弃，并认为自己与成功无缘。即使在最恶劣的情况下仍然会有出路，有隐藏的秘诀，它们能使你从失败转向成功，由绝望转向快乐。

积极心态能够驱赶不幸和困苦，具有改变人生的力量，人人都可以拥有这样的心态来指导自己的工作、学习和生活。

幸福是小概率事件，但也可以变成日常

幸福究竟是偶然发生的小概率事件，还是个人内心强烈的喜悦和满足感，这是我们首先要区分的。在汉语中，我们用"幸运"和"幸福"来区分这两种概念，幸运是指偶然发生的小概率事件，而幸福则是个人内心强烈的喜悦和满足感；英语中，人们用"luck"和"happiness"来区分；法国人则说"fortune"和"bonheur"；德语中有所区别的是与之相搭配的动词不同，一个人可以"有"好运气，也可以"是"幸福的。当然，这两层意思彼此并不矛盾。如果买彩票的时候猜对了6个数字，获得巨额奖金，这样的巧合也可以令人心满意足，感觉自己很幸福，哪怕这种幸福不能维持很久。

有人相信幸福女神或命运女神的存在，她们负责向人们分配幸福，一部分人得到的少得可怜，而另一些人却抱个满怀。希腊人却认为，一个人拥有太多的幸福是十分危险的。希腊神话中的波力克雷兹大帝就是这样的一个例子。

波力克雷兹站在宫殿的城墙上向来自埃及的客人炫耀："我承认，我是一个幸福的人！"来访者建议波力克雷兹大帝，不要用自己的幸福公然对女神进行挑衅，于是波力克雷兹只能将他最贵重的戒指扔向大海。不久之后，御厨有人上报，发生了一件意想不到的事情。原来厨师在一条新打上来的鱼肚子中发现了这枚戒指。按说这可是一件大喜事，但没过多久，波力克雷兹就不幸去世，最后还被钉在了十字架上。

泰勒·本·沙哈尔教授在接触积极心理学之前，虽然在学业上获得了不小的成就，但是始终认为自己不幸福。在他真正地接触积极心理学之前，可能他也和绝大多数人一样，认为幸福只是偶然发生的。直到接触了积极心理学之后，他懂得了，幸福是偶然，但是只要我们愿意，幸福也可以成为必然。每个人的幸福来源都是不同的，可见幸福是一件比较个人和主观的事情。但是，对于幸福的理解并非一直如此：中世纪时，

神学长期统治着人们的思想，它认为人类的幸福来源于上帝，只有圣洁的信仰能为人们带来精神上的快乐与解脱；世俗中个人的、物化的幸福感微不足道，人们甚至要为此承担罪责。而哲学兴起之后，才逐渐形成了现代幸福感，从第一位哲学家开始便坚持：每个人都能决定自己的幸福。

即使没有人怀疑这一事实，幸福属于个人判断，但现实中还是存在着一种普遍认可的评判标准。人们忍不住比较不同时代里人们对于幸福的理解，特别是将自己在青少年时代的回忆与现在的孩子们做一番比较。成年人不理解新一代孩子们的快乐，当我们评判孩子们是否幸福时，更多是根据自己童年时的记忆。这也可以解释，为什么许多大人对于青少年中出现的"新"现象感到无法理解。

20世纪90年代末，一个创意——电子宠物，影响力迅速从亚洲蔓延到欧洲乃至全世界。当时有许多教育工作者对此惊慌万分，但孩子们却乐在其中。喂养、玩耍、洗漱、训练，当它生病时还要去看医生，孩子们只需要按几个按钮就可以照顾自己的宠物，这些电子宠物指令潜移默化地影响了一代人。

再拿婚姻来说，许多人都在诉说自己和爱人之间是如何偶然相遇，然后相恋的，仿佛幸福真的就是偶然的。那么这样偶然的幸福到底能不能转化成必然呢？答案自然是肯定的。但是，偶然的幸福转化成必然，这需要彼此用心地经营，带着真诚，带着温柔。初入围城的那份喜悦与甜蜜溢于言表，无名指上的海誓山盟，浪漫的油彩也在遐想的氛围里海阔天空、七彩斑斓。可当激情消隐，感情转化为亲情，此刻的心理和生理（欲望）也发生了微妙的变化，婚姻就会在外界的诱惑与对彼此的冷漠中钙化，越走越远，爱就在荒芜中流失。

现代社会，人们不再相信女神主宰着幸福。如何获得幸福掌握在人类自己的手中。美国《独立宣言》的起草者之一托马斯·杰弗逊，他在1776年就号召每一位公民有权争取自己的幸福。而经过法国大革命的洗礼，于 1793 年制定的法国宪法更是强调：在社会中，确保每个人的幸福才是集体幸福的根基。

幸福是偶然，可能一个小小的邂逅就能够带来一场幸福。但是幸福不是简单的拼凑，当我们回首自己的人生路，会发现生活的满足感并非停留在某一个程度上，而是按照一定趋势向上发展着。仅仅出于心满意足，我们不会大声欢呼，也不会涌出喜悦的泪水。与此相反，如果一个人直接体验到了幸福成真或是认为自己的状态符合真正的幸福标准时，这种情况是不会有更高一级的，因为它在精神和感官层面都达到了绝对制高点，身心愉悦、愿望满足。

幸福是我们的权利，我们可以享有它，但是幸福对我们并没有义务，它并不是注定要为我们服务。因此，幸福是需要我们去经营的，我们是家长眼中的孩子，需要他们的精心培养，幸福也如同我们眼中的孩子，需要我们悉心呵护。只有我们精心呵护与经营，才能使这种偶然的幸福变成必然，然后使自己永远地感受到幸福的环绕。泰勒·本·沙哈尔教授通过积极心理学告诉我们，我们可以幸福，而且只要你愿意，你将会更幸福！

第三章 幸福也是一门哲学

不同的人脑海中的幸福模样

基本的生活保障需求得到满足后，人类便有了更高层次的精神需求——幸福。关于幸福，东西方先贤们都有各自的见解。

苏格拉底说："有理性和智慧就是幸福。"

伊壁鸠鲁说："灵魂无纷扰，才是幸福。"

德谟克利特说："获得感官快乐就是幸福。"

赫拉克利特说："如果幸福在于肉体的快感，那么应当说，牛找到草吃的时候就是幸福的。"

犬儒学派说："禁欲就是幸福。"

人文主义者说："纵欲才是幸福。"

杜威说："幸福只存在于成功中。"

萨特说："幸福是绝对自由。"

弗洛姆说："幸福是一种高度的活力。"

费尔巴哈说："幸福是人类之爱。"

康德说："幸福就是至善。"

……

众说纷纭，每种说法都代表一种生存哲学。但是究竟什么是幸福？在纷繁复杂的社会中，沉浮于万丈红尘中的人怎样才能获得幸福？何时才会有幸福的清泉流过心田？

有人说：幸福在于有钱享受。世界烟草大王杜克的女儿朵丽丝 12 岁时继承了父亲一亿美元的资产，但她的一生却郁郁寡欢，历经 3 次痛苦的婚姻，最后寂寞地死去，钱没买到她的幸福。

有人说：幸福源于功成名就。著名作家三毛在其作品风靡东南亚十几年后，却以一只丝袜结束了生命，撒手西去，给后人留下几许感慨。名没有带给她幸福。

有人说：幸福源于位尊权重。然而，深宫中的龙子龙孙们却发出"愿生生世世勿生在帝王家"的沉重叹息。权没有换得他们的幸福。

穷人能吃饱就感到幸福，富人什么都吃腻了，却为下餐不知该吃什么才可口而烦恼。没钱时，我们因冬天能遮寒不受冻而感到幸福；有钱时，我们为服装款式层出不穷，穿什么才时髦而烦恼。没钱时，我们只要有房子住就感到幸福；有钱时，我们又为想着豪华楼房或别墅而犯愁。

许多人认为追求幸福的欲望有点儿像排便的欲望：它是每个人都有的欲望，却不是特别值得骄傲的欲望。他们头脑中想到的幸福都是廉价和低级的，是愚昧的"牛的满足"状态，完全不可能成为有意义的人生的基础。

英国作家史密斯曾经说过这么一番话："人生追求的目的有二，一是得到想要的，二是享受拥有的。可惜往往只有最聪明的人才能达到第二个目的。"现实生活中，一些人得到了想要的东西，不是好好珍惜，好好享受，而是还想得到新的东西。比如，得到了小功名，还想得到大功名。殊不知，功名利禄宛如用花环编织的网，无论谁钻进去，都不要再想过清静自在的日子了。如果一个人时时都为着功名利禄而劳心费神，那么他还会有人生乐趣和幸福吗？

有这样一个故事：

他和她是贫贱夫妻，租住在大城市中一间很小的地下室里。寒冷的北方冬天，地下室里没有暖气，他们也装不起空调，每晚他都会心疼地将她冰块一样凉的脚抱在怀里焐热。后来，他飞黄腾达，房子越换越大，空调越换越好，而他陪伴在她身边的时间也越来越少。当他在某天夜里回家时发现她关闭了暖气与空调，看着她蜷缩在床角，他顿时想起曾经抱着她的脚替她取暖的日子，当他再次将她冰凉的脚搂在怀里时，两人泪流满面。

很多人其实很羡慕这对夫妻。坐在豪车上哭是一种幸福，坐在自行车上笑也是一种幸福，可以贫贱夫妻百事哀，也可以有情饮水饱，可以随意刷卡买东西却毫无幸福感，也可以只因为一条廉价的裙子就从心底绽放出幸福的花……关键在于自己是从哪个角度去定义幸福的。

"做事不幸福，不做事也不幸福；成家不幸福，不成家也不幸福。这种普遍现象使人类成了所有动物中最不快活的。"人在没有财富时，为了生存会处在不断追求财富的奋斗中。一旦富足，人生无所追求，生活就会出现厌倦，而幸福感又随之消失。

当衣食无忧的时代到来，当囊中不再羞涩，当爱情宛如快餐般唾手可得的时候，无数温饱有余或是已经富裕起来的人，总感叹幸福不像四季常开的花朵。

幸福是什么？幸福存在于生活中最平常的小细节里，幸福是过生日时，爱人送上的一份小礼物，而不是送上一沓钞票，让你去买自己中意的，他却不见人影。有的人躺在金银堆里未必有幸福感受，有的人享受一缕阳光就升值了自己的幸福指数。幸福真的是件见仁见智的事，全在于自己的感觉。

财富可以让人充分享受生活，也经常会令人感到困惑：钱多了，到底爱情变得更甜还是更苦？有时候，增加财富不仅不能为婚姻"保驾护航"，相反倒成为罪魁祸首。经济不宽裕的时候，夫妻两人虽然算计着过日子，可双方甘苦与共，每逢对方生日，送枝玫瑰；加班晚了，会有人来公司门口等，幸福的真味，其实就渗透在这些点点滴滴的细微之处，没有波澜却真实存在。

但现在，不少人在体验种种物质享乐的同时，却很难感受到以往那润物细无声的示爱方式，爱已经没有了温馨甜蜜的过程，没有了发自内心的付出，没有了刻骨铭心的回味。

在物欲横流的社会，的确有许多人通过各种途径，过上了外人眼中的幸福生活。这些人，他们的虚荣心可能得到了一时的满足，但是长年累月下来，当所有的虚荣渐渐淡化之后，他们才发觉，眼前的生活根本就不是自己一心想要的。于是，痛苦就像血吸虫一样，找了一个空隙便钻进了这些人的体内。

体验幸福，要有一颗纯正的心灵，要有懂得欣赏自然、甘于淡泊的智慧，要有宠辱不惊、纵横天地的气度。一旦我们发现生活中处处充满了幸福，我们就会更加留恋生活。每个人的生命都无法存盘再读取，而在一天天流失不复返。

英国哲学家罗素说："幸福的生活在很大程度上必定是一种宁静安逸的，因为只有在宁静的气氛中，真正的快乐幸福才得以存在。"在风景如画的宜居小镇，身边一缕清风，窗外一弯明月，路旁一曲轻歌，亲友一声问候，都会让你感到安静、舒适、快乐。试问，如果一个人经常颠沛流离，忧心如焚，神不守舍，幸福从何说起？

哲学家的幸福二三事

苏格拉底素有"西方的孔子"之称，因为就像柏拉图、亚里士多德、哥白尼、达尔文和爱因斯坦一样，他是一座鼓舞着有主见的思想家的灯塔。所不同的是，他是西方文明史上的第一座灯塔。

苏格拉底习惯到热闹的雅典市场上去发表演说和与人辩论问题。他同别人谈话、讨论问题时，往往采取一种与众不同的形式。

这一天，苏格拉底像平常一样，来到市场上。他一把拉住一位过路人说道："对不起！我有一个问题弄不明白，向您请教一下，人人都说要做一个有道德的人，但是你能告诉我道德究竟是什么？"那人回答说："忠诚老实，不欺骗别人，才是有道德的。"苏格拉底装作不懂的样子又问："但为什么和敌人作战时，我军将领却千方百计地去欺骗敌人呢？"那人回答："欺骗敌人是符合道德的，但欺骗自己人就不道德了。"苏格拉底反驳道："当我军被敌军包围时，为了鼓舞士气，将领就欺骗士兵说，我们的援军已经到了，大家奋力突围出去。结果突围成功了。这种欺骗也不道德吗？"那人说："那是战争中出于无奈才这样做的，日常生活中这样做是不道德的。"苏格拉底又追问起来："假如你的儿子生病了，又不肯吃药，作为父亲，你欺骗他说，这不是药，而是一种很好吃的东西，这也不道德吗？"那人只好承认："这种欺骗也是符合道德的。"苏格拉底并不满足，又问道："不骗人是道德的，骗人也可以说是道德的。那就是说，道德不能用骗不骗人来说明。究竟用什么来说明它呢？还是请你告诉我吧！"那人想了想，说："不知道道德就不能做到道德，知道了道德才能做到道德。"苏格拉底这才满意地笑起来，拉着那个人的手说："您真是一个伟大的哲学家，您告诉了我关于道德的知识，使我弄明白一个长期困惑不解的问题，我衷心地感谢您！"

英国哲学家约翰·穆勒说："不满足的人比满足的猪幸福，不满足的苏格拉底比满足的傻瓜幸福。人和猪的区别就在于，人有灵魂，猪没有灵魂。苏格拉底和傻瓜的区别就在于，苏格拉底的灵魂是醒着的，而傻瓜的灵魂是昏睡着的。灵魂的生活开始于不满足。不满足什么？不满足于像动物那样活着。正是在这不满足之中，人展开了对意义的寻求，创造了丰富的精神世界。"认识到人与兽的差异，穆勒便提出了"快乐的等级说"。他把快乐分为高级快乐和低级快乐。那些来自理智、情感、想象和道德情操的快乐是高级快乐，而感官的、本能的快乐是低级的快乐。并且高级快乐总不为自己设定"满足"的界限，即便是在痛苦中，它也能凭借对未来的期待战胜痛苦，享受意志力带来的快乐；而低级的快乐却容易满足。尽管有时"资禀低劣的人享受着满足的快乐"，但这些快乐不足以"让资禀高的人羡慕"。

中国古话说：知足常乐。智者的特点在于，在物质生活上很容易知足，却又绝对不满足于仅仅过物质生活。相反，正如伊壁鸠鲁所说，凡不能满足于少量物质的人，再多的物质也不会使他们满足。

从前，有一棵高大的苹果树。有一天，一位小男孩走进了它的生活，每日在树上爬上爬下，笑呵呵地摘苹果吃，或者高高兴兴地在树荫下玩耍，或者在那里干脆一睡就是大半天。这样过了一些时日，苹果树便不知不觉地喜欢上了这位小男孩，它每日都在祈祷着，能与小男孩朝夕相处。

可是，好景不长，随着时光的流逝，小男孩渐渐长大，便不再来树下玩了。

此后的一天，男孩重新回到了树旁，并一脸忧伤。树看见了他，就高兴地对他说："和我一起玩吧！"男孩回答说："我已经不再是小孩子了，我不再爬树了，我想要玩具。"树说："抱歉，我没有钱……但是你可以摘下我的苹果拿去卖，这样你就有钱了。"男孩于是把苹果摘了个精光，开心地离去了。

男孩摘了苹果离开后，很久没回来。树有点儿难过，每天都在想他。

后来，男孩回来了，树喜出望外，说："和我一起玩吧！"男孩却说："我没有时间玩，我要做工养家，我们要盖房子来住，你能帮我吗？"树皱了皱眉头，想了想说："抱歉，我没有房子，但是你可以砍下我的树枝来盖房子。"男孩毫不迟疑地将树枝砍了个精光，然后开心地离去了。

树看着男孩高兴的样子，竟然忘记了自身的疼痛，幸福地看着他离去。之后，在没有男孩的日子里，树就用自己的思念祝福着他，等待着他。

这样的日子不知过去了多久，在一个夏天，男孩总算回来了，树万分高兴。它说："和我一起玩吧！"男孩愁容满面，说："我很伤心，我越来越老了，我想去划船，让自己悠闲一下。你能给我一条船吗？"树沉默了许久，才说："用我的树干造一条船吧，你可以开开心心地想划多远就划多远。"男孩于是锯下树干，造了一条船，面带笑容，划船而去。只剩下树根站在原地，静静地目送着他。

这样过去了很多年，男孩又回来了。这次，树很难过，它说："抱歉，我的孩子，可惜我现在什么也没法给你了，没有苹果给你吃……"男孩没有等它说完，就流出泪来，他说："好吧，老树根是歇脚的最好的地方了。"苹果树热泪盈眶，说："来吧，坐下来歇歇脚。"男孩终于在苹果树的树根上坐了下来，从此之后与树朝夕相处，和树一同过着幸福的生活，再也没有离开。

人的欲望是无限的，在大大小小的各种需求中，我们首先需要理智地衡量一下，哪些需求是可以得到满足的，哪些需求是永远也无法得到满足的；哪些需求的满足能够让我们从此获得幸福，哪些需求即使得到了满足，也无法让我们幸福起来。不然就会像故事中的小男孩一样，不断地追求他认为的幸福，蓦然回首，才发觉，原来自己真正想要的幸福，一直都在苹果树下。

人们的欲望是无穷无尽的，满足了一种低层次的需要，就会产生一种更高层的新需要。20 世纪 80 年代初，中国人追求的还是温饱；到了 90 年代，人们更渴望拥有家电；90 年代末，人们想得到电脑和手机；而现在，人们开始购买住房和汽车。

黑格尔说，理想的人不仅要在物质需要的满足上，还要在精神旨趣的满足上得到表现。只有以恰当的、坚持道德操守的、有意义的、有深度的、丰富多彩的、苏格拉底式的、摆脱了猪一般的低级趣味的方式来生活，才能得到真正的幸福。这才是人们不会因为积极追求它而感到羞愧的感觉。事实上，希腊语中有一个专门的词汇来描述这种特殊的感觉——"eudaimonia"，其字面意思是"好的精神"，不过，它的意义更接近于"人类的繁荣"或者"我们的生活方式"。

幸福感的深浅取决于你潜能发挥的程度

古希腊雅典法律制定者梭伦认为，只要一个人还活着，我们就不能说他的人生是幸福的，因为幸福是一个人充分发挥自己潜能的结果，除非我们知道他一生的整体情况，否则我们怎么能够判断他是否充分发挥了自己的潜能呢？

在一个科技博览会上，展出的一株西红柿树引起了轰动。这株西红柿的种子是从普通种子中随意取出来的，没有任何特别。但科学家给这粒种子以特殊的、最好的培育。别的西红柿种在土里，他却用水耕法将它种在水里；别的西红柿用普通肥料，它用的肥料是按比例特别配制的，撒在水里；别的西红柿在普通的自然环境中生长，而这株西红柿经过研究给予它最适当的温度、最适宜的湿度、最需要的光照。据说西红柿喜欢红光，就给它一定时间照射红光。在这样优良的环境中培育出的西红柿，长大成熟后是什么样子呢？在自然环境下长大的西红柿，一株只有不到三分之一平方米，而这株西红柿又高又大，枝繁叶茂，覆盖面积达 12 平方米；其他西红柿每株产十来个果，而这株西红柿竟结了 13000 多个果，是普通西红柿产量的近千倍！

这株西红柿之所以能够达到普通西红柿产量的近千倍，不可否认，是科学家们充分发挥聪明才智的结果。但更是这株西红柿在外界条件允许的基础上，充分发挥了自身能动性的结果。我们永远不知道一株西红柿的潜能到底有多大，就如我们永远不知道人自身的潜能有多大一样。对于幸福也是一样，人只要充分地发挥自己的潜能，就能越来越多地体会到幸福，因为幸福就是人充分发挥潜能的结果。

苏联科学家伊凡·叶夫莫雷夫对人的潜能之巨大做了表述："在正常情况下工作的人，一般只使用了其思维能力的很小一部分。如果我们能迫使我们的大脑达到其一半的工作能力，我们就可以轻而易举地学会40 种语言，也可将一本《苏联大百科全书》背得滚瓜烂熟，还能够学完数十所大学的课程。"目前，人的潜能开发是极其有限的。20 世纪初，著名心理学家威廉·詹姆斯研究发现：一个普通的人只运用了其能力的

10%，还有90%的潜力。到了1964年，心理学家玛格丽特·米德研究发现：每个人只用了他的能力的6%，还有94%的潜力。

1980年，蜚声世界的心理学家奥托认为："据我最近发现，一个人所发挥出来的能力，只占他全部能力的4%。"也就是说，人类潜能的96%还未被开发。这些科学数据清晰地表明这样一种趋势：社会越前进，科学越发展，对人类潜能的研究越深入，就越发现人类潜能之巨大。

为什么从动物祖先进化到现代人，自然界经历数百万年的岁月，而从只有动物心理水平的婴儿到具有现代智力水平的少年只要十几年？为什么用短短的时间，孩童的智能发展就走完自然界从动物到人的漫漫长路呢？这是因为每个婴儿都潜藏着人类历代遗传至今的智慧。所以无怪乎科学家们惊呼：人的潜力大得惊人，可惜绝大部分脑神经元早期即被闲置，而后再也发挥不出功能来了，这实在是整个人类的遗憾。

人的大脑若不去思虑，不去操劳，不去想方设法解决难题，一点儿纷扰都没有，肯定不是一种最好的状态。因为，这样会使人脑退化。此外，人生在世如果没有拼搏，就没有财富的积累，就不会有长期维持生命和健康所必需的物质保障，也就没有灵魂平衡赖以存在的基础；如果没有拼搏，就没有事业的成功，人生的价值就不能充分实现，灵魂也就不会放射出应有的光芒。

沃伦·巴菲特曾这样夸奖比尔·盖茨："如果他卖的不是软件而是汉堡，他也会成为世界汉堡大王。"巴菲特的观点是基于如下事实：非凡的智慧、只做第一的心态、从不枯竭的激情、专注而疯狂的工作精神，正是这些品质让盖茨无论做什么都能获得成功。历史不容假设，但是我们可以确定一点，盖茨如果去卖汉堡，那么就算成为汉堡大王，他也不会幸福，因为制造和贩卖汉堡，不能将他的天赋和潜能完全发挥出来。

盖茨和巴菲特在一次谈话中把一个人获得成功的三个要素归纳为兴趣、天赋和资源。盖茨一生最大的兴趣是数学，最杰出的天赋是计算机技术，但他早年最大的资源优势却在律师界。

马斯洛说过："绝大多数人都一定有可能比现实中的自己更伟大，我们都有未被利用或发展不充分的潜力。"巨人一旦醒来，潜能尽情释放，一个真正的人就此诞生了。德国教育学家第斯多惠在教师规则中明确指出："我以为教学的艺术，不在于传授的本领，而在于激励唤醒，没有兴奋的情绪怎么激励人，没有主动性怎么能唤醒沉睡的人？"乔纳森·海特是《幸福的假设：从古代智慧到现代科学》的作者，他说："从研究我们是什么样的生物出发，《幸福的假设：从古代智慧到现代科学》写到最后，我愈发确定自己的结论，幸福必然来自对于人生的投入，而不是与之脱离。"人都有巨大的无限的潜在价值，人正是在把潜在价值转化为现实价值的过程中感受着生活的幸福。潜在的价值实现得越充分，对社会的贡献越大，成就需要的满足程度就越高，幸福感就越大。人与人之间幸福感的差距，主要是体现在价值实现程度上。创造是人与动物的根本区别，也是人的潜能实现的基本途径。从某种意义上说，幸福就是经过人的创造性劳动而获得的生存需要、情感需要和成就需要的满足。一个人只有充分发挥了创造的潜能，充分实现了自己生命的价值，做出了自己作为社会系统要素应有的贡献，才能觉得没有白活一生，才会有精神的充实，也才能体验到受人尊重当之无愧的幸福。

幸福在"需要层次论"上的体现

有关幸福的思考和立论只能围绕"人"来展开，因此，要理解"什么是幸福"，就必须理解"什么是人"。由于人是一种不断需求的动物，他总是在希望着什么，理解人即理解人的需要，理解人的需要即理解人的幸福。

古希腊哲学家亚里士多德早就指出，幸福是人特有的，牛、马等其他动物是不可能拥有幸福的。那么，人有什么样的需要呢？

马斯洛的"需要层次论"对此做出了经典回答。"需要层次论"强调人有五个层次的基本需要：第一个层次需要是生理需要——对食物、住所、性生活、睡眠等的自然需要；第二个层次需要是安全需要——对体制、社会秩序、稳定职业、人身安全等的需要；第三个层次需要是归属与爱的需要——对亲情、友情和归属感的需要；第四个层次需要是尊重需要——对自尊、自重和他人的敬重的需要；第五个层次需要是自我实现的需要——对自我发挥和自我完成的需要或要求发挥其全部潜力的需要。这五种需要从低级到高级，表现为一种不断递进的层次序列。

不同的人在某个特定时期所处的基本需要及其得到满足的层次往往不同，因此不同的人在这个特定时期所达到的幸福也通常具有人际差异。对一个正忍饥挨饿的人来说，能够解决温饱问题可能是他的幸福；对一个已经不受温饱问题困扰的人来说，能够得到生活保障可能是他的幸福；对一个生理需求得到满足和安全有保障的人来说，能够拥有美满的家庭、真挚的朋友、和谐的人际关系可能是他的幸福；对一个生理需要、安全需要、尊重需要已经得到满足的人来说，他的幸福可能在于自信心的建立、成就感的树立和来自他人的尊敬；对一个需要自我实现的人来说，他的幸福可能在于他感觉自己成了他想要成为的人，在于他对其自身成了伟大政治家、优秀母亲、体育健将等的美好感觉之中。因此，在某个特定时期，不同的人的幸福是不同的，一个人不能强求与另一个人完全相同的幸福。

"生理需要"得到满足的人获得的是感官幸福；"安全需要"得到满足的人获得的是避免危险的幸福；"归属和爱的需要"得到满足的人获得的是拥有亲人、朋友、和谐人际关系的幸福；"尊重需要"得到满足的人获得的是拥有自信心、成就感和尊严感的幸福；"自我实现的需要"得到满足的人获得的是自我潜能和自我价值得到充分实现的幸福。这五种幸福并不处于同一个层次，它们表现为一种从低级到高级不断提升的层次序列。因此，如果说一个人是幸福的，这是指他的某个层次的基本需要在某个特定时候得到了满足。

马斯洛的"需要层次论"并不贬低人的最基本需要，即生理需要，但它确实鼓励人们追求高级需要的满足，以不断增强他们对人生幸福的体验。人是因为拥有某种精神享受才感到幸福，幸福是人在精神上所达到的一种充实感。物质性的东西只是幸福的物质基础，但它永远不可能成为幸福本身。例如，饭食不是幸福，只有吃饱饭之后的满意感才可能是我们的幸福；金钱不是幸福，只有拥有金钱的快乐感才可能成为我们的幸福；工作不是幸福，只有工作带来的愉悦感才可能成为我们的幸福；春天不是幸福，只有生活在春天里的惬意感才可能成为我们的幸福。人的幸福问题从根本上来说是一个精神问题，它只能通过精神的内涵和要义来得到解释。

马斯洛以他的"需要层次论"作为理论基础，对幸福的本质、实现条件、个人思考幸福问题和建构个人幸福观的应有逻辑思路等提出了自己的看法，从而形成了一种以强调个人基本需要的满足为核心价值取向的幸福观。只有我们了解了这种"需求层次论"，进而才能在需求层次论的基础上分析出处于各个时期的人们的幸福层次，然后才能了解人们的幸福感。

"以前我们把自己定位为最佳雇主公司，现在需要做出新的调整。我们认为，所谓的最佳雇主公司，其实还是停留在老板对员工的'我待你不错，你要感恩'这样的浅层次上，这违背了我们缔造企业价值观的初衷。我们觉得整个阿里巴巴的下一步，应该是将最佳雇主公司努力转变为员工最感幸福的公司。"

这是在阿里巴巴成立十周年时，马云对全社会，更是对阿里巴巴全体员工的"承诺"。马云为了实现他的诺言，亲自去幸福指数最高的国家之一——不丹考察，相关人员也用各种方式摸索。大半年后，阿里巴巴成立了幸福指数小组，隶属人力资源部门，专门从事幸福指数的研究和实施。

阿里巴巴的员工幸福指数框架在经历了数百位员工访谈，并对访谈结果进行分析后，得出了一个初步的幸福层次论。

幸福的基础层级是保障个体和家庭安居乐业。"目前一个经营得很不错的企业的员工，生存和安全是有基本保障的，这个因素渐渐不成为影响幸福感的主要因素。"幸福的第二层级是实现员工的自我价值。"这第二层的幸福感包括但不限于传统人力资源领域所倡导的成长和发展，但进一步深化了。"陆凯薇说，"其最重要的差别在于，企业营造的平台尽可能也要是每个个体的舞台，员工发挥自己所长实现组织价值的同时，也实现了个人梦想。"

阿里巴巴围绕着"员工的幸福"，致力于打造"员工最感幸福的公司"。提出提供健全的社会保障和福利、行业内有竞争力的薪资待遇，还有高绩效高回报的绩效理念等。除此之外，阿里巴巴一直坚持给核心员工分享公司经营成果，实行股权激励机制；还建立各种企业内的员工关怀帮助机制，包括很有特色的"蒲公英计划""互帮互助计划"等，从而不断提高员工的幸福感。

　　这是阿里巴巴集团在科学的幸福观指导下，在认真分析了员工的各类需要的基础上，做好了实现员工幸福的各项工作。从需要到幸福不仅是每个人所追求的，也是各个群体、组织和机构所应追求的。

第二篇

幸福是人生的终极追求：
生活需要幸福感

第一章　你用哪种姿态过一生

奔波劳碌的"安心"不等于迎来幸福

人生有许多的姿态，其中有一种就是"奔波劳碌型"。这种类型的人每天都背负着极大的压力，担心考试考不好，担心工作做不好，担心会受到老师和家长的批评，担心会错过领导的器重，于是他每天都盼望着假期的来临，因为只有那时他才能暂时摆脱学校和工作的事情。虽然生活也能过得下去，但过程却很难舒心。这类人群在大众中不算少数，他们大多精于算计，懂得勤俭持家，但幸福似乎与他们缘分不大。下例中的小王就是其中的一个代表人物。

小王其实并不算小，36 岁，某知名企业资本运营部主管，年薪颇丰。妻子从事 IT 行业，事业正值黄金时期。两人在北京购置了一套住房并在两年前提前还清了全部贷款，现在可说是无债一身轻。表面看来，小王一家经济情况良好，没有额外负担，但实际上并非如此，原因在于小王是个骨灰级的精算族。

这种精打细算的精神首先体现在当年的租房问题上。当年小王和妻子用积攒了 5 年的钱付了房子的首付，买下了一套 120 平方米的房子，安居乐业的幸福感没有持续多久，小王就算计起了冬天的采暖费和日常的物业费，这房子大了费用自然高，再加上每月按时要还的房贷就是一笔不小的开支。于是小王想出了一个"减负"的点子，在反复做妻子的工作、征得同意后，他把这套大房子租了出去，然后在妻子单位附近又租了一套 50 平方米的小房子。这样一算，大房子的月租金收入是 2800 元，而小房子的月租金支出才 1500 元，这等于家庭每月增加了收入 1300 元，并且小房子的暖气、物业管理等费用也便宜，这一年下来节省的钱足够还一半的房贷了……可是，正当小王为自己的精明而沾沾自喜时，由此引发的各种问题也接踵而至。因为房子小父母住不下，家长减少了过来的次数；更重要的是，两个人再也不能像从前那样在周末邀请同事朋友过来小聚，原因是房子太小，超过 5 个人的时候室内很难有立足之地，由此产生的对社交的影响也对两个人的事业产生了间接影响。

终于等到还清了房贷可以回到自己的家中居住，可房子已经变得面目全非了。当年贴上去的壁砖少了几块，地板返潮凸起，洗衣机报废……小王夫妇不得不又花费了 2 万元进行装修补救，这相当于 1 年的房租。尽管一切安置完毕，但小王的妻子有时还是感到不舒服："明明是自己的新房，为什么感觉像买了套二手房？"当然，这只是小王精算的一个表现，其他表现还包括煤气费比电费贵所以坚决使用电磁炉、空调太费电所以只使用电风扇、去超市疯狂免费试吃以节省生活开支等。但最近小王上班总是无精打采，他解释说因天气炎热无法入睡，同事很奇怪："那干吗不开空调？"

在别人眼里，小王经济情况良好，生活幸福，但实际上他并不快乐，自己的房子自己住不了，一心努力还房贷，等到房子终于能住了，可房子又已经面目全非，这样看来，他忍受着痛苦，却并没有迎来所谓的幸福。

由于社会的压力，以及环境背景致使出现了这么多的"忙碌奔波型"，人们为了一些目标——好成绩、好工作、奖金，而忽略了眼前的快乐，最终变成了盲目追求。其实从来没有规定说，成功一定要以牺牲快乐为代价。有很多为了学业、工作每天努力而勤奋的人，他们也过得十分开心。"忙碌奔波型"和这些人最大的区别，就是他们不懂得如何去享受他们的工作和生活。为什么会有这么多"忙碌奔波型"的人呢？很大一部分原因是因为我们太在意同事、同学、朋友、亲人的看法和评价了。成绩优秀的人常常会得到家长的奖励，工作表现好的人，也会得到奖金。我们习惯性地去关注未来的目标和外在的奖励，而常常忽略了眼前的事情和事情本身的意义，最后导致终生的盲目追求。我们从不会因为过程而受到奖励，能否达到目标才是衡量一切的标准。社会只褒奖成功的人，而不是正在努力着的人——只看终点，而无视过程。

司南是外企的一位高级主管，但当年走出学校的时候，她只是个普通的毕业生。为了迈进人人都羡慕的外企，司南确实花费了比别人更多的心思：工作努力、兢兢业业，周末从不休息，参加各类资格考试，证书摞起来能高过头顶，从最初2000元的月薪到现在几十万元的年薪，司南开始拥有了不错的生活，但她还希望能送孩子出国、能换台更好的车或者在郊区买栋别墅，所以司南仍然要忍受每天到半夜的加班、一天至少四杯的咖啡。但问题是，紧张的工作让司南变得神经敏感，失眠成了家常便饭；孩子常常跟着保姆而对自己感到陌生；每天心情郁闷，脾气火爆，让下属怨声载道，司南的丈夫说："这是欲望驱动付出的代价。"

我们不得不承认，当目标达到时，心里的那种快感油然而生，但那种放松的心情并不是幸福，它只是一种错觉、假象。这种幸福可称为"幸福的假象"，在心理学家看来，这种目标达成后的快感主要来自压力和焦虑的消除，因此它并不会维持太久。这就好比一个人吃饱了之后，他会为不饿了而高兴。但由于这种喜悦来自饥饿的前因，当饥饿感消散，我们很快就会把吃饱饭当成一种理所当然的事，饱腹的喜悦早已消失得无影无踪。"忙碌奔波型"的人错误地认为成功即是幸福，坚信目标实现后的放松和解脱就是幸福，因此他们不停地从一个目标奔向另一个目标。以至到最后是否真正获得了幸福，连自己也不知道。

像这种忙碌奔波的人，会导致自己一直处在欲望的追求中，会变得不知足，没有什么所谓的快乐，只有无止境的忙碌。为什么我们不试着把生活节奏放慢，享受一下生活中点滴的快乐，换个角度去寻找追求成功的过程，做到真正拥有有意义的人生？每个人都希望自己幸福快乐，也一直都在思索什么才是幸福快乐，似乎"怎样活着才是幸福快乐"已经成为一个永远都不会有唯一的答案的问题。每个人对幸福快乐的认知是不同的，这局限于其所生活的环境、阅历，以及自身的感悟。人对幸福的渴望确实是孜孜以求的，其过程恐怕也是痛苦的，有时自己想象的那种幸福得到之时，存留的却是那么短暂，昙花一现。幸福和快乐总是无法成为一种常态。这就使我们好像坠入了追求幸福的一种怪圈和误区当中。

对于很多人来说，我们曾经也追逐过那些简单的幸福。金钱的多少并不重要，只要有一个自己爱并且爱自己的人，有一个和睦的家庭，一切就都够了。但是往往我们却败给了现实。让自己简单的幸福看起来非常可笑。因此，我们把更多的精力投入工作、学习、生活中，且以为消除了内心的痛苦就意味着幸福的来临。于是我们便踏上了不断攀登的征程，因为太投入，往往错失了太多的美丽风景。

贪图享乐的人生维持不住幸福

人生还有一种姿态是"享乐主义型"，由于抵挡不住眼前的诱惑，虽然享受了片刻的美好，但却埋下了痛苦的种子。我们身边不乏这样的人，他们往往只贪图眼前的利益而将幸福抛诸脑后。

英国东北部有一个小镇叫卡奇镇，镇上的人过着美满的幸福生活，所有的人得益于祖上的福荫，加上政府的福利待遇良好，因此长久以来，他们每天需要做的工作就是如何玩乐，怎么潇洒怎么来。这样的日子一直延续着。直到有一天早上，有一个叫奇娅的女子开始离奇地出现头痛的症状。她的丈夫大惊，马上将她送到附近的医院，但检查的结果竟然是，她身体没有任何异样。医生直摇头，认为可能是着了风寒，包了些药就让她回家里调养。

奇娅的病还未痊愈，又一个男子也得了这样的病，且症状明显重于奇娅。

不到半年时间，卡奇镇得病的人不断增多，但大家的诊断结果均显示没有任何异样，各项化验均合格。小镇里一时间众说纷纭，大家认为这里的地气出了问题，有的人干脆请了巫婆过来，还有些人想着不能这样让幸福的生活流逝，应该抓紧时间搬离这个"鬼地方"。

奇娅的丈夫十分疼爱奇娅，眼瞅着她症状加剧，心中痛苦万分，便将所有的积蓄都用来给奇娅看病，但效果不十分明显。

因为这种奇怪的病，卡奇镇几乎所有的家庭都花光了积蓄，他们开始变穷了。不得已，奇娅的丈夫成了镇上第一个外出挖煤挣钱的男人。挖煤的地点离小镇不远，奇娅知道煤矿十分危险，因此，她便时常给丈夫送饭吃，连续奔波几日后，奇娅感觉病痛的症状有所减轻。她喜出望外，便延长了奔跑的距离和频度，原来是一天送一次饭，或者有时候不去也行。后来，便一日三餐全部由奇娅送饭到矿上。

过了半年时间，奇娅的病自己好了。这半年内，奇娅每天都自己缩减药物用量，直到她感觉完全正常。

小镇上的人得知奇娅每天为丈夫送饭居然治好了这种奇怪的病，于是大家开始效仿奇娅，让每天的生活充实起来，不再聚集在一起无所事事。果真，他们的病痛一个个开始减轻，并且逐渐康复。

有一位名叫卓尔的医生，是一个心理学家。他认真地分析了卡奇镇人的事情，果断地做出了这样一个结论：他们得的是"幸福病"。

他解释的理由是这样的：每天生活平淡安逸，肌体长时间无所事事，身体僵持，脑筋不能够维持生命的正常新陈代谢，直至伤寒淤积，开始出现病痛，他将这种病称为"幸福病"。

原来，太过安逸的生活，居然可以滋生出如此奇怪的病症。

一个贪图享乐的人，看不到人生的意义，看不到自己的价值，对生活没有期望，也就没有追求，就不会努力。最后的结果，也就是碌碌无为，不会有什么大作为，也体会不到真正的幸福人生。

"享乐主义型"的人总是寻找快乐而逃避痛苦。在他们看来，人生很短暂，如果没能及时充分享受生活，那就是一大罪过。享乐主义者的根本错误就在于将努力与痛苦、快感和幸福等同化了。其实，如果一个人真正过上了这样的生活，又会觉得非常惶恐，因为这绝对不是真正的幸福。

诺贝尔经济学奖得主布堪纳特别迷恋美式足球，是一位铁杆球迷，他从不错过每年一月间的季后赛。但是，一场 60 分钟的比赛，少不了犯规、换场、中场休息、教练叫停等，这样要耗费很多时间。

布堪纳是一个非常珍惜时间的人，他觉得这样看球赛太浪费时间了，然而，球赛又不能不看。为了在心理上找到平衡，他决定给自己找点儿事儿干，于是就把核桃搬到客厅里，一边看电视，一边敲核桃。

与此同时，布堪纳还在思考：为什么自己长时间坐在电视机前会有罪恶感，为什么自己这么一会儿没劳动，心里就觉得不踏实？

在不断地敲核桃的过程中，布堪纳悟出一个道理：劳动不仅对个人有好处，对其他人也有好处。如果一个人饱食终日，无所事事，那么，除了他自己的损失之外，别人也享受不到他从事生产带来的"交易价值"。无所事事是幸福的杀手，无所事事造就碌碌无为的人生。

所以，生活中我们不要无所事事，而应该定好自己的生活目标，那么，在实现目标的过程中，幸福感也会紧紧相随。

对于享乐主义者来说，往往在天堂和地狱之间迷失了自我，他们错误地以为享乐就是幸福，却不知道一个人如果失去了目的和挑战，生活将变得毫无意义；如果我们一味地逃避问题和挑战，那和一般的动物有什么不同呢？当今社会，享乐主义导致了人类的价值观发生扭曲，一味地享乐，致使人们忘记了生活的真正意义。

古今中外，从未听说过有哪个成就大业者是靠着贪图享乐、奢侈腐化而做到的。相反，历史上因骄而奢、由奢而亡的例子却数不胜数。刘备乃一代枭雄，在诸葛亮等一干文臣武将的辅佐下创立了西蜀基业。刘禅作为刘备的长子，贪图享乐，宠信宦官，软弱无能，诸葛亮在时还能勉强与吴魏抗衡，诸葛亮一死，蜀国政权就瞬间倾倒了。甚至当司马昭将刘禅软禁，故意在其面前安排歌伎表演蜀地的歌舞时，刘禅仍不思悔改，他的随从大臣看到蜀舞都联想到灭亡的故国而无不潸然泪下，但刘禅却说："此间乐，不思蜀。"这样一个贪图享乐的人又怎能肩负起国家的重任呢！

享乐主义使人们尽情地追求物质上的享受和肉体上的快乐，致使人们陷入意志消沉、缺乏进取精神的状态之中。而长期处在这个状态中的人就会变得像一盘散沙一样，颓废奢靡。

现在的家庭都是独生子女，只有一个孩子，所以免不了要娇惯一些，但也正是这种娇惯导致了独生子"享乐主义"思想的形成，什么东西都是伸手或张嘴就能得到了，根本不需要自己辛苦努力。所以养成了"享乐"的习惯。只要还有吃有喝，就不用考虑太多，这样的孩子长大后能承担重任吗？为什么现代人都讲忆苦思甜，就是为了让人们记住，无论什么时候都不要一味地贪图享乐；否则一切努力都将化为泡影，一切拥有的幸福终将失去。

一蹶不振的"谨慎"是胆小鬼的借口

还有一种人，由于过去受过挫折，就理所当然地让生活处于一种虚无的状态，这种人对生命不抱任何的希望和期待。对于这种人，我们称其为"虚无主义型"，也就是人生的胆小鬼。

虚无主义者似乎永远活在过去的阴影下，心理学家马丁·塞里格曼在他的研究中将其称为"习得性无助"。他做过这样一个实验，实验中有三组狗，他把这三组狗分别放在三个地板充电的房间里，第一组受到轻微的电击，并且在离它们很近的地方设有可以停止电击的按钮。第二组同样受到电击，但它们没有任何方法阻止电击。第三组则完全没有受到电击。当塞里格曼将所有狗都关在一个有矮栅栏的箱子里，开始进行轻微电击时，第一组（曾经被电击，但学会了操纵开关停止电流的狗）和第三组（没有被电击过的狗）很快跳了出来，第二组（之前无法停止遭受电击的狗）则只是徒劳地在原地哀号。塞里格曼将第二组狗称为"习得性无助"的受害者。

虚无主义者就像是接受实验的第二组狗，他们已经放弃追求梦想与幸福，他们不相信什么生活的意义。而这种想法的诞生很大一部分原因是其曾经受到过重创。人们往往最怕的就是遇到挫折，因为挫折会拿走他们的一切，会给他们的心灵带来重创。所以，渐渐地，挫折便被人类以及各种生物列入了黑名单。

挫折对于弱者是一个万丈深渊。但对于强者是一块垫脚石，对能干的人是一笔财富。我们不要畏惧它，要勇于去面对，战胜挫折也是幸福。

海伦·凯勒是一个残疾人，病魔缠身的她并没有低头，她勇敢地挑战她的敌人，而不是退缩。她曾在她的人生字典中说过："我感谢自然带给我的磨难，让我学会坚强；我感谢老天给我的厚爱，让我学会反省。"瞧！她不是给了自己活下去的力量？她在没有阳光的世界里，并没有失去对生活的热爱、对幸福的渴望，她用知识为自己点亮了一盏明灯。终于，黑暗变成了光明，她成为一个幸福的人！

生活中，我们应该像海伦那样积极地面对人生，往往就会迎来真正幸福的人生，而如果我们遇到一点儿问题和挫折就萎靡不振，不思进取，那么只会离幸福越来越远。不要让生活中一些芝麻般大小的事轻易地把我们打倒，其实这样的打倒从另一个角度来看，就是自己将自己打倒了。现代社会，学生"离家出走""自杀"的消息不绝于耳，而究其原因，有些理由都让我们觉得可笑。

　　这样的"谨慎"本身就是一种错误，他消极地认为无论是现在还是将来，都无法获得幸福。他们最可悲，因为连短暂的快乐都享受不到，更不要谈什么幸福。甚至，虚无主义本身就是可怕的，对一切事物都抱着消极的心态，甚至认为人类也无须活在这个世界上。如果每个人都是"虚无主义者"，那社会又怎么会进步呢？其实人生难免会遇到一些挫折，而如果总是一味地沉迷在过去失败的苦痛里，那又怎么会成功呢？无论是什么样的人，都应该对生活抱有希望，英国有句谚语："不要在冬天里砍树。"因为谁也不能确定那在冬天看起来已经奄奄一息的树，是否会在来年春天抽枝吐叶，呈现另一番生机盎然的景象。

　　爱迪生出身低微、生活贫困，而他唯一的学历就是一生中只上了3个月的小学，由于他经常会问老师一些奇怪的问题，所以竟被当作傻瓜，老师还对他的妈妈说他将来不会有什么作为。虽然爱迪生没有受过什么良好的教育，甚至还被说成是问题学生。但他凭借着个人的奋斗和非凡的才智，最终还是取得了惊人的成就。

　　爱迪生在学校得不到老师的喜欢，被大家认为是问题学生，但无论是他还是他的母亲都没有对生活失去信心，若是他当时变成了"虚无主义者"，沉溺于老师以及他人的批评声中，那也许他也会认为自己真的就是个傻子，世界上也将会失去一位"发明大王"。

　　有一个美国医生曾经做过这样一个研究：有200名参加宴会的宾客，在吃了同样的食物后，其中一半的人中毒，另一半安然无恙。这引起了医生的疑问。于是，开始了解其中的奥秘。结果发现，那些中毒的人，在平常生活中都是悲观主义者，对生活不抱有希望，没有什么梦想。而那些未中毒的人呢，他们积极面对人生，乐观地追求着幸福，用心理学的话来说，就是他们的心灵充满力量，也就是他们心胸较大、较强，所以导致他们的免疫系统比较强。虽然听起来比较神奇，但也不无道理，想想如果一个人心情好，自然感觉一切都好。

在前进途中，磕磕碰碰是难免的，世界上没有一帆风顺的旅程。不要抱怨自己时运不济、命运多舛。因为一味地抱怨只会暴露出你骨子里的"弱小"。一个人要成就美好的情操，不是要求别人都具有纯粹、高洁的美德，而是要用自己的一身浩然之气，来抵御那恶劣风气的袭击。险山恶水、重峦叠嶂，最终还是要靠自己的意志去征服。珍珠只有经过了沙子的磨砺才能光彩夺目，不是吗？

人生拥有太多不如意，每个人的一生都注定有一次挫折。人们常说命中注定，但是，你又如何知道一切真的就只是命中注定？我们要去挑战它，我们的命运要由我们自己掌握，不能让命运掌控我们，要懂得反抗所谓的"命中注定"。

命中注定只是失败者用来安慰自己的一个借口罢了，因为不敢面对，因为不敢挑战，因为不敢尝试，因为没有勇气，因为没有自信，才导致了今天的失败。不要对生活失去信心，认真地生活，增加一些愉快的生活体验，即使失败了，也要对自己说"再来一次"。美国总统林肯有一句话很受大众的喜爱："有一条泥泞不堪的小路，我一只脚滑了一跤，另一只脚也因此站立不稳，但我给自己打气，不就是摔了一跤吗？又不是再站不起来了。"其实人生比你想象的要美好，不要陷入失败的深渊中不能自拔，笑对人生，找到属于你自己的那片天空。

挫折，是一种别样的幸福，挫折可以让勇敢者闯出他的精彩人生；挫折，可以让自信者品味出他的人生之道。人们往往需要一种突如其来的灾难去激发自身的潜力，而这种潜力，正需要挫折来辅助激发。仔细观察，认真聆听，你会发现，挫折带给人们的好与坏，只在你的一念之间。挫折，不过是一场人生游戏，这场游戏的赢家是你还是挫折，由你决定，也就是说，你是这场游戏的操控者。

面对困难和挫折，我们要大声地对自己说："给我一次困难，让我懂得克服；给我一次挫折，让我经受磨难；给我一次失败，让我学会反省；给我一次耻辱，让我学会振作。我感谢每一次带我走向成功的经历。战胜挫折的人也幸福！"在实际生活中，我们一定要敢于面对挫折，面对任何困难险境，都不要被过去失败的经验所打垮，而是勇于面对，敢于克服任何困难险阻，不做虚无主义者，更不能做被过去失败的经验所打垮的胆小鬼！

幸福者的人生永远可以更幸福

以上三种人生模式都是得不到认可的，它们在生活中客观存在，却不能带给人精神上的享受，由于这三种模式的人生发育不健全，使得人们都不能感受到幸福是人生的一种至高的财富。这时候，我们就需要第四种模式，这种模式的存在，使得我们既享受了现在，还不用为自己的未来担心。我们的生活中也总是有这样的一些人，他们享受地活在当下，而且用心地让自己的未来永远更幸福，我们将这种人生称为"永久幸福型"。

看到第四种模式，可能很多人疑惑，难道这就是幸福？按照汉语词典上的解释，所谓幸福，一是指使心情舒畅的境遇和生活；二是指（生活、境遇）称心如意。这两种解释，都离不开生活与境遇，说明幸福由始至终是与生活、境遇息息相关的。经济学家认为，提高物质生活水平是人追求最大的幸福，这是无可否认的。因此"忙碌奔波型"人生的存在是合情合理的，但是却忽略了人内心的感受，从而致使人们不幸福。

美国作家、清华大学心理学系客座教授贝内克指出：不幸福的生活会让人生病，也会让人寿命缩短。他表示，西方的研究已经证实，身体健康和主观的幸福感是紧密相连的。比如说，在其他一切条件都一样的情况下，人们如果有疼痛，就会感到不大快乐。研究也同样证实，不快乐的生活容易使人经常生病且寿命缩短。如果感到幸福，则可以让人的寿命增加 7.5 年。同时贝内克表示，幸福的人很少有健康问题，比如不大会罹患溃疡、中风、心血管疾病和过敏性反应等疾病，健康的人也不会给周围的人造成麻烦，反而会让周围的人更幸福。

有位国王每天听取大臣们报告政务，处理各项国事，忙碌的日子过久了，心里有点儿烦闷，很想轻松一下。有一天心血来潮，国王换上平民的衣服，带着侍从跑出王宫游玩。国王来到热闹的大街上，看到各行各业的人充满活力地工作着，看来都很快乐的样子。

路边有一位老人正在修鞋，国王走过去问他："老人家，你喜欢修理鞋子这项工作吗？"老人说："才不呢！好辛苦啊！""怎么会呢？我觉得这工作很轻松啊！那你觉得哪种人最幸福、最快乐？""当然是国王啦！听说王宫金碧辉煌，还有丰富美味的食物和许多宫女表演歌舞。"国王听了，心生一念："看来这位老人羡慕国王的富贵，却不晓得身为国王的辛苦，不如让他当一天国王看看。"于是国王请老人喝酒，把他灌醉，带回王宫。

国王交代宫女们："为老人梳洗，换上我的衣服，让他睡在我的床上。等他醒来后，你们要像对待我一般恭敬地服侍他。"随后，叮嘱大臣们也要把老人当成国王。

老人睡醒睁开眼睛一看，大吃一惊："我怎么会在这么豪华的地方，身上穿的衣服也很华丽，难道是在做梦吗？"一群宫女围过来说："陛下，您终于睡醒了，请梳洗整装，享用早餐。"老人愣住了，不知所措，宫女帮他洗手擦脸，半推半扶着他走到餐桌前坐下。

好丰盛的食物啊！老人欢喜地享受美食，吃完后宫女们表演歌舞，曼妙的舞姿和悠扬的音乐让老人乐得飘飘然，觉得自己好像真的变成国王了。

突然间歌舞停止，几位大臣走进来说："陛下，时候不早了，外面有很多大臣正等着向您报告国事呢！"然后半推半扶着老人，来到国王接见大臣的厅堂。

大臣们一个接着一个报告各种事项，老人一点儿也听不懂，听得头昏脑涨，好不容易挨到用餐时间，宫女们频频劝酒，把他灌得不省人事。这时真正的国王出来，吩咐宫女帮老人换上原来的衣服，然后派人把他送回原来的地方。

过了几天，国王又穿上平民的衣服去见老人，老人说："你知道吗？那天跟你喝完酒之后，我梦见自己变成了国王，虽然有宫女服侍也有美食可吃，却觉得好累、好辛苦喔！还是老老实实做个修鞋匠比较幸福！”

世间每个人的境遇与责任都不相同，如果不懂得知足、惜福，老是羡慕别人比自己有钱、比自己出名，永远比不完，会过得非常痛苦。每个人都有自己的优点与专长，只要安守本分、真诚付出，就会有属于自己的心安理得、充实快乐的人生。其实，幸福的人生不是相对于别人而言的，而应该是自我的满足，我们应该做的就是不断地努力，让自己从不幸福到幸福，从幸福到更幸福。

仔细想想，"永久幸福型"就是"享乐主义型"和"忙碌奔波型"的有效结合，不是一味地享乐，也不是无尽地忙碌，而是有目标有选择地忙碌，有着一定的人生追求，同时在追求的过程中也能够珍惜当下的幸福快乐。这样的人生是一个阶梯状的人生，我们总是在不断地攀爬，每当达到一个幸福状态的时候，又开始下一段行程，而这过程中的幸福不是某一个成功或者某一件商品，而是一种幸福的自我满足。

无数事实表明，钱有时并不能使人感到幸福，至少是不能感到更大的幸福。由此可见，人随着不同环境的变化，思想也会变化，人对幸福的理解必然会产生变化。为了让自己的心灵达到幸福的境界，我们要善于填充自己和丰富的心灵，让自己的心灵变得柔软、宁静、宽容、博大。

一是学会感恩生活。感恩生命的神秘，让你的心灵感受生命的快乐与悲伤；感谢生活中帮助过你的人，感谢亲情与友情；感谢困难与挫折，让你不断地成长和看到自己的不足。

二是学会快乐工作。奥地利享有崇高声誉的心理分析专家威廉·赖克说："爱工作和知识是我们的幸福之源，也是支配我们生活的力量。"工作我们的一种谋生手段，是保障生活的基础前提。我们应该把它视作是自身阅历的拓宽，才会去热爱它。尤其要认识到工作无高低贵贱之分，只是社会的分工不同，每一行业都需要不同的人去工作。尽可能把自己的爱好融入工作之中，会更加快乐。

三是学会调整心情。在现代社会，人与人之间经常会有一种隔膜的距离，如果你觉得不能信任任何人的话，最好把你的坏心情寄予山水、音乐或是书本。它们会是你非常忠诚的朋友，拓宽你的视野，让你忘掉烦忧。

　　四是不断提升自己。人的追求是一个无止境的过程，多读书，认识世界，更能认清自己的不足与渺小，最主要是能安定人心的浮躁。

　　如果我们能做到以上这些，就会感到很幸福。幸福也就是你自己真实的感觉，是否真正的快乐、满足、轻松，可以不知不觉地面露微笑。很多人以为幸福是很虚无缥缈的抽象的东西，但幸福其实很简单，生活中许许多多平凡的小事的集合也就构成了幸福。幸福也就是本节所说的第四种人生汉堡的滋味。所以，让我们多多地享受生活中的平凡事情，把握身边的幸福吧！

第二章　我们必须爱自己

纠结是一种对自己的残忍

"纠结"不是什么陌生的词语，生活中我们常常会听到这样的话。那究竟什么是"纠结"呢？纠结就是犹豫不决、反复不定，在各方的利益判断中没有明确的定夺。这是一场自我斗争的过程。

鲍尔吉·原野曾经说过："人跟自我的合作、斗争是一辈子的事情。有人跟自己斗争了一辈子，有人将就了一辈子。人经常总结跟别人斗争合作的历史，很少总结自我斗争的历史，进入这个领域，很多人茫然，不知道也记不清自己跟自己发生了哪些争斗……"这是鲍尔吉·原野针对歌德的名言"我就是我的一切，我通过了解我自己而了解一切"而发的感言。歌德作为著名的思想家，他有巨大的思想力、广阔的视野，人生的境界澄明豁达；他可以占领自我的高地而以自我了解为法解释人类的一切；他一生的事业就是思想。他们两者的差别就在于，一个是对自我的肯定，一个是对自我纠结的陈述。鲍尔吉向我们陈述了人会自我纠结的情况，但是我们应该向歌德学习，我们要勇于接纳自己，承认自己的一切。

实际上一个人了解自己很难，难就难在对自己进行定位和反观自我。如何才能正确地认识自己，明白自己究竟想要什么。如何才能实现自己的目标和追求。一个有理想、有目标，并且踏实肯干的人，相信一定不是一个纠结的人。

工作纠结，情感纠结，家庭纠结，都是无法找到最佳的平衡点，无法判断结局，而产生惶惑，在自我斗争。这种自我斗争的长期存在，不仅问题得不到解决，反而浪费了大量时间去追求幸福。

当然，有时候自我斗争是好事，至少不是随波逐流、无所谓地生活下去，这可能是任何一个生活目标在实现过程中的必然现象，自己把自己斗争下去，就意味着胜利即将到来。但问题是，往往很多时候人难以在自我斗争中取胜，反而陷于纠结的旋涡中超脱不出来。究其原因，我倒觉得往往是把自己放大了。人往往容易看到别人的缺点，看不到自己的缺点，往往容易记住别人伤害过你，容易忘记你伤害过别人，把自己的优点放大，把别人的缺陷放大，明明是很合理的搭配和安排就因为自我膨胀而犹豫不决。

纠结是痛苦的，因为你无法明了未来，潜意识里就包含了对未来太高的期望，如果把自己放低，把其他放大，就会觉得一切就应该这样，这样就是最好的结局，无论如何都能在选择中得到最大的利益，纠结也就戛然而止，痛苦随之消失，自己也将变得更幸福。

人们每天都在为自己的生活而奔波着，金钱成了这个社会上唯一的"通行证"。如果做一个关于对金钱喜欢或不喜欢的调查问卷，相信结果一定会非常一致。谁都想昨天那个中彩票的是自己该多好，自己是银行的 CEO 该多好。

的确，有钱是好，有钱可以改变很多东西。金钱会改变人的人际交往能力，使人变得孤立；金钱可以改变人的心理行为，使人变得自私；金钱还可以改变做人的原则，使人变得堕落。凭什么人们每天都要束缚于金钱的诱惑力，让人们不得不扮演"房奴""欠债人"的角色。注定了几年，甚至几十年内都要背着一个壳来爬行，还要逢人笑脸相迎，并且不断地炫耀自己在精彩地过活。其实，没钱的自己又怎么样？金钱并不是生活的唯一，即使你没有钱，只要你每天都能够努力地学习、工作，只要你在奋斗，你就是幸福的，又何必为这些身外之物而纠结呢？

在家庭中，也许你感觉自己正在遭遇不公平的对待，伴侣正在绕开你，甚至虐待你。但你却因为顾虑面子、顾虑子女等原因而在不断地尝试着说服你自己忍气吞声、接受现实。但是，我们必须明白一个道理，那就是"爱自己"的核心原则在此同样适用：只有一个人能够为你的幸福负责任，那就是你自己。没有人有义务为你的幸福买单，唯一要为此负责的就是你自己。或许你没有胆量走出来，对那个人说"不"，但那恰恰是因为你不够自信，所以才无法画出底线并充分表现自己。

所以，为了你的爱，为了你的终身幸福，请学会说"不"。

"不，这令我感到不愉快！""不，我不会再忍耐下去了！"然后，你要站在自己的立场上，与伴侣进行协商，坚持将"不"进行到底。一旦你摆脱了纠结，学会了说"不"，你就会惊讶地发现，自己正变得越来越开放，也越来越有安全感。

我们应该愉快地接纳自己，我们也应该要对自己负责任。生活不是妥协就能换来幸福，一次两次的纠结是一种很正常的情况，如果遇到了不能妥协的事情却还在那里反复纠结的话，那就很没有意义了。你只有对自己负责，才能彻底走出软弱和依赖的金色牢笼，飞向属于你的幸福蓝天！

要清楚自己的定位，不要总对未来茫然

常言道："自知者明。"自知，不仅仅意味着要认识一个人自身的特点，而且要认识自己作为人的本性和应有的价值。正如加拿大教育家江绍伦在《教与育的心理学》一书中写道："只有深刻的自知之感，才能保护一个人不致坠入错误表达、偏见和虚假意图的深渊。"确实，自知是正确认识世界最可靠的方法之一，对于一个人立德修身至关重要，所以我们要学会自知。一个人如果能向自己展示最真实的自我，就是人生路上最美的风景。自知可以说是一个人成人、成才的关键，因此，我们应该做到有自知之明，不做迷途的羔羊。

"自知"就是自我认知，是一个人对自己存在的评价与判断，包括

对物质、精神以及社会等方面。正常情况下，个人能够对自我进行分析，在分析的基础上进行适当表现，在表现自我的过程中对自己的行为加以控制与调节，形成对自己固有的态度。

在物质方面的自知包括对自己身体、外貌、衣着、风度、财富等的认识，在精神方面的自知包括对自己的价值观、智力、性格、气质、兴趣、能力倾向等的综合认识，在社会方面的自知包括对自己工作岗位、人际关系、声望地位等的认识。自知才能了解自己想要的东西和适合自己的东西到底是什么，才能最大限度地调动自己的主观能动性，增加成功的机会，所谓"知己知彼，百战百胜"。

"少无适俗韵，性本爱丘山。误落尘网中，一去三十年。羁鸟恋旧林，池鱼思故渊。开荒南野际，守拙归园田。方宅十余亩，草屋八九间。榆柳荫后檐，桃李罗堂前。暧暧远人村，依依墟里烟。狗吠深巷中，鸡鸣桑树颠。户庭无尘杂，虚室有余闲。久在樊笼里，复得返自然。"这是陶渊明《归田园居》中的一首诗，诗中说的是陶渊明对于生活的认识，以及回归山林的喜悦。年少时的陶渊明也怀着一展抱负、出人头地的愿望，投身朝廷，希望能做出一番事业。但是社会的动荡、官场的黑暗非但没有让他做出事业，反而觉得身心俱疲。陶渊明在充分认识了自我后，发现"富贵非吾愿，帝乡不可期"，于是"采菊东篱下，悠然见南山"，留下了一段"不为五斗米折腰"的佳话，给后人留下了很多精美的田园诗篇。

所谓"知人者智，自知者明"。"自知"说起来简单，做起来难。现代社会里，很多东西被贴上了各种各样的标签，赋予了各种各样的含义。人们很容易在纷繁复杂的社会里迷失自我，失去"自知"的能力，随波逐流，变成迷途的羔羊。如何自知，如何在这个复杂的社会里保持清醒，也是值得思考的问题。

自知，简单地说就是对自己的了解。主观上通过自己的思考，环境的反馈，正确地了解自己，比如价值观、能力、性格、兴趣爱好等，正确地了解自己对拥有正确的心理状态，协调人际关系有很大的帮助。

过高地估计自己，容易变得高傲，不利于和谐的人际关系的形成；过低地估计自己，容易变得自卑，畏缩不前，缺乏积极性，不利于个人的发展。正确地估计自己，才能避免骄傲与自卑，在力所能及的事情上积极争取，在力不能及的事情上量力而为。正确地了解自己，就是"自知"。要真正做到自知并不容易，我们可以通过以下几个方面进行努力。

不要逃避缺点。人无完人，没有谁生下来就没有缺点，每个人都会有一些地方做得不如别人好。认识到自己的缺点，在生活、学习、工作中用心地弥补，或者改用自己擅长的方式去解决问题，都是不错的选择。有缺点不可怕，可怕的是不敢面对自己的缺点，自己不去想，更不许别人说，那么，你的缺点慢慢就会变成你的软肋。只要触及这个缺点，就会给你挫折，因为有挫折，更加痛恨自己的这个缺点，这样的恶性循环，对于一个人的进步是极其不利的。了解自己的缺点，才能更好地认识自己的优点，做到扬长避短。每个成功的人都不会把他们的缺点藏起来，而是把他们的优点展现出来。

勤于学习。没有思想，就不能明确方向，就谈不上自知。只有不断学习，让自己拥有更多的知识、更多的能力，才能给予自己正确的定位。学习知识的过程也是认识自己的过程。你会发现有的人对于复杂的仪器情有独钟，有的人对于书画艺术很有兴趣，有的人喜欢动手，有的人喜欢动脑，有的人喜欢动笔……不断学习就会不断提高自身的素养，才能弥补自己的缺点，才能强化自己的优点，通过学习可以改变对自己的认识，将自己提升到一定的高度再审视自己，不做井底之蛙。

正确比较。如果只是单纯地看自己，也许看不出什么。所以，正确地去和别人对比是认识自己的好办法。小学时，老师总是在考试前让我们给自己找一个小对手，这就是比较。在和别人的比较中，我们更容易看清自己拥有什么，缺少什么，对比会让这些差别变得明显，容易被发现。一些在自我审视中不能发现的东西，会在和别人的比较中变得醒目。在对比中看见自己的不足，会给内心更大的影响，更加有动力去弥补自己的不足。但是，选择正确的对象去比较才会有正确的结果。过高或过低的比较对象都会给比较的结果带来偏差，以致不能正确地认识自己。

留心别人的评价。我们生活在社会这个大集体中，每天都会和他人打交道，别人的每一句评价，不论赞扬还是批评，都是给我们的一个信息、一个反馈。每一个评价都可以帮助我们更好地认识自己，都是一次调整自我认识的机会。正确对待每一个评价，不要盲目地窃喜或自卑，利用好每一次别人给予的机会，进而进一步认识自己，做一个自知者。

做到有自知之明，不是一件容易的事情，但是也不是不能达到的事情。只要有心，只要用心，就可以越来越了解自己，越来越有自知之明，越来越明确自己的道路，避免在人生的道路上成为迷途的羔羊。

孤独与生俱来，但必须为幸福让步

"我像是茫茫大海中的一叶孤舟，又像是苍凉大漠中的一棵小树，没有知己，没有朋友，只有孤寂。我天天独来独往，在教室、宿舍、食堂之间徘徊。看到别人三五成群，谈笑风生，我真是羡慕。我觉得我是这个世界的弃儿，存在与不存在对他人而言，没有任何意义。每当夜晚独对黑暗，我感到自己的心灵因为这种孤独而痛苦。我多么渴望走出这种孤独啊，让我的心灵得到他人的滋润……"这是一位大学生在日记中的告白，这位大学生所体验到的正是一种强烈的孤独感。这种孤独感一旦发展下去，很可能会使人消沉、抑郁、痛苦甚至绝望。

生活中，我们都知道贪吃、酗酒是损害健康的不良习惯，但很少有人意识到孤独也是健康的劲敌。美国一项涉及 30 万人的研究表明，社会孤独感的危害等同于酗酒或每天吸烟 15 支，甚至比不运动所带来的危险还要严重。

美国芝加哥大学心理学教授约翰·卡西奥波在美国科学促进会年会上发表研究成果时说，孤独对人身心健康造成的危害不亚于吸烟和肥胖。孤独可以改变人的内分泌，削弱人体免疫系统功能，孤独的人血压比社交活跃的人高出 30 毫米汞柱，患心脏病和中风的可能性高 3 倍，死于心脏病和中风的概率达到正常人的 2 倍；孤独的人容易染上不良嗜好，因为它会削弱人的意志力和决心，容易放弃运动，倾向于摄取更多脂肪、糖分、烟酒；孤独的人睡眠不好，衰老得快；孤独感会促进人体压力激素皮质醇的分泌，从而削弱人体免疫系统功能，增加患癌风险；孤独的人，体内往往缺少热情物质，比如让人活力四射的多巴胺和让人稳如泰山的血清素。这些神经递质的长期缺乏，很可能最终诱发抑郁症和隐性精神分裂。

在探寻孤独的原因时，卡西奥波指出孤独还与入睡困难、阿尔茨海默症病情加剧等现象有关。研究发现，孤独者和社交活跃者的健康水平差距与吸烟者和非吸烟者、肥胖症患者和非肥胖症患者的差距类似。

科学家还发现，孤独能削弱人的意志力和决心，不利于人保持健康生活方式。卡西奥波说："孤独使人自控力下降，一天结束后很容易为了寻找安慰多喝酒。"他还说，在自然衰老情况下，孤独会加速人体衰老速度，不过其中的具体原因尚不清楚。他猜测这可能与孤独的人缺乏社交生活、大脑缺少灵活性有关。孤独的人睡眠质量差，白天感觉昏昏沉沉，夜里容易依赖安眠药入睡。

这样的结果不禁让我们感到吃惊，没想到孤独会给人带来如此大的危害。然而，这样的伤害绝不仅仅局限于身体，而更多的是对于心理的伤害。

孤独，其实是一种心病，它的存在时常让我们觉得自身价值的缺失，以至越来越觉得自己不幸福。正所谓"心病还需心药医"，孤独，这个源于内心的症结还是需要我们自己来化解。

生活中，人们都会有孤独的时候，然而，每个人对待孤独的方式却不同。有的人不能接受这一现实，越是孤独，就越是孤僻，把自己封闭在自己的小世界里，越来越见不到光明，更不要提所谓的幸福。那么究竟一个人该如何战胜孤独，如何驱走孤独，留住你的幸福呢？

首先，应对孤独最好的办法，就是交几个没有利益纠葛的朋友。要明白，有时候孤独之所以会来敲门，就是因为你给予了它敲门的机会。为什么不主动打开心门与外界交流呢？当你感觉到孤独的时候，你可以翻一翻你的通讯录，给哪一位朋友挂一个电话，或者请几位好朋友来家里吃一顿饭，聊一聊过去，谈一谈未来。

其次，学会利用独处的时光，变孤独为思考。长则思考自己的成就和未来，短则想想自己的一天过得怎样，都好过沉浸在孤独中不能自拔。许多有过痛苦经历的人都说，当遭到厄运的袭击而又不能够对人倾诉时，去找一个清静的地方，可以沿着江堤走一走，被清爽的江风吹着，心情就会变得开朗。一个感情丰富的女孩子曾说，孤独时她常常跑到最热闹的街道上去，只要置身于川流不息的人流中，她就会忘掉自己的寂寞。

再次，试着为别人做点儿什么。跟人相处时感到的孤独，有时候会是一个人独处时的数倍，这是因为你跟周围的环境格格不入，就像你突然来到一个语言不通的国度一样，你无法跟周围的人进行必要的交流，也无法进入那种热烈的气氛里面。你不由自主地觉得自己很孤单，而周围热烈的气氛更加突出了你的落寞。要打破这种尴尬的局面，唯有"忘我"。想一想你能够为别人做点儿什么，这很有帮助。

最后，培养一个爱好。一个人有爱好，才能使生活充满乐趣。美国女作家玛利·韦伯说："你爱什么都可以，但是，你总得有所爱好。"因为你有所爱好，精神才会有所寄托，心灵才会有所附着。有条件的人可以养养宠物，下班后看着爱宠天真无辜的眼神，可以缓解孤独和寂寞感，遛狗等活动，也有助于扩大你的社交圈。

也许人生本就是一个寂寞的旅程，总是有人来了又走，再多的热闹、精彩，总有落幕的时候。人潮散去，在你的心中总会留下一丝落寞，但我们不该任由这样的落寞在心中生根发芽，直至吞噬了我们一生的幸福。

生活中，我们要学会接纳自己，当然也包括接纳那个偶尔孤独的自己，认识到孤独的自己存在的问题，认真分析并摆脱这种孤独，合理对待内心的这份孤独，不让它侵蚀我们的幸福。

好的习惯造就幸福

我们常说性格决定命运，而性格其实就是一堆习惯的组合。习惯是什么？习惯就是通过不断的实践或经验去适应积久养成的生活方式。

我们都知道，改变是困难的。打破旧的习惯比我们预想的还要困难，所以绝大多数人尝试着去改变，但都以失败告终。

事实证明，在履行承诺的时候，即使这些承诺对我们是有益的，并且总是试图让自己集中精力去做，但结果往往仍以失败告终。其实，我们要做的是把它们变成我们的习惯，那么在不知不觉中你就已经在做了，完全没有被强迫的拘束感。

培根说："习惯是一种顽强的巨大的力量，它可以主宰人生。"优秀的人对自身的习惯都有着严格的要求，越是顶尖，越是注重细节。可见，习惯对一个人有着巨大的影响。

一天，一位睿智的教师与他年轻的学生一起在树林里散步。教师突然停了下来，并仔细看着身边的4株植物。第一株植物是一棵刚刚冒出土的幼苗；第二株植物已经算得上挺拔的小树苗了，它的根牢牢地盘踞到了肥沃的土壤中；第三株植物已然枝叶茂盛，差不多与年轻学生一样高大了；第四株植物是一棵巨大的橡树，年轻学生几乎看不到它的树冠。

老师指着第一株植物对他的年轻学生说："把它拔起来。"年轻学生用手指轻松地拔出了幼苗。

"现在，拔出第二株植物。"年轻学生听从老师的要求，略加力量，便将树苗连根拔起。

"好了，现在，拔出第三株植物。"年轻学生先用一只手进行了尝试，然后改用双手全力以赴。最后，树木终于倒在了筋疲力尽的年轻学生的脚下。

"好的，"老教师接着说道，"去试一试那棵橡树吧。"年轻学生抬头看了看眼前巨大的橡树，想了想自己刚才拔那棵小得多的树木时已然筋疲力尽，所以他拒绝了教师的提议，甚至没有去做任何尝试。

"我的孩子，"老师叹了一口气说道，"那四株植物其实是四种习惯，习惯最开始形成时可以改变，但时间久了就不易拔掉了。"

故事里的植物就是我们的习惯，越是长大，就越难以拔除。有些根深蒂固的习惯甚至让人不敢去尝试改变。有些习惯比另一些习惯更难以改变。习惯是如此富有力量，对我们的生活有着很大的影响。

一旦好习惯养成了，它们也会像大橡树那样，牢固而忠诚；一旦坏习惯养成了，它们也会像那棵大橡树一样根深蒂固，难以移除。在习惯由幼苗长成参天大树的过程中，习惯被重复的次数越来越多，存在的时间也越来越长，它们也越来越像一个自动装置，越来越难以改变。所以多养成好习惯，对于我们的生活会很有帮助。

建立一个新习惯并不是一件容易的事，但维持一个已建立好的习惯就没有那么困难了。对大多数的人来说，每天刷两次牙是一件很正常的事情，因为已经成为习惯，如果哪天少刷了一次反而会觉得特别不舒服。因此，一个良好习惯的养成，能够为我们的成功提供很多的便利。如果幸福是我们追求的目标，那么我们在认清这一目标后，我们就需要为它建立习惯。让那些能够给我们带来幸福的事情变成习惯，它们就能够习惯性地为我们造就幸福。

什么样的习惯能让你更幸福呢？

你迫切地希望生活变得更加美好，比如，每天早起做营养早餐，每天下班做有氧运动，每周出门踏青、亲近大自然，定期回家看望父母，每个月都和爱人看场电影……这样的迫切心情可以理解，但是不是做得越多就能得到越多的成果。

每次建立新习惯的时候，一到两个就足够了，同时培养太多个新习惯反而会无法适应，手忙脚乱。在一个习惯被固定下来之前，不要试图增加新的。就像托尼·施瓦兹说的："微小的成果，要比野心勃勃导致的失败好得多……不要着急，成功会像滚雪球一样越滚越大。"不论你的心情是多么迫切，你都必须从一点一滴做起，因为习惯就是一点一滴养成的。首先你要明确你要养成什么样的习惯。一个人只有深刻地了解了自己，才会知道自己缺少什么，如何去弥补它。我们首先要提高对自己的认识，增加知识，积累经验。有时候自己审视自己是看不到不足的，只有通过学习以及和别人的对比才能看见自己缺少什么。习惯是很难改变的，所以在决定培养一个新习惯的时候就要对其做出判断，这个习惯对你有没有好处，对你的发展有没有帮助？从最开始就杜绝坏习惯，要比养成坏习惯，再去改正要容易得多，何乐而不为呢？

一旦你确定了新习惯的内容，我们不妨为它来一次全程记录，先把它写在你的笔记本上，然后开始行动。万事开头难，因此最开始的那段时间肯定很不容易，一定要坚持下去。

在心理学中，一件事情重复 21 天后就会变成一个习惯。只要你能够坚持住，就会有一个像刷牙一样自然的新习惯被固定下来。用亚里士多德的话来说就是："我们的习惯造就了我们。卓越不是一次行为，而是一种习惯。"这个过程不会很长，但是也不会很短。一个习惯是否牢固主要看持续的时间和重复的次数。如果一个习惯已经形成，就好像一棵树苗已经存活，要是不能持之以恒，那它也有可能在长成参天大树之前夭折。

如果你已经明确了新习惯的内容，就不要着急养成，你要做的只是坚持做下去，直到有一天你已经忘记了它，但是还在继续做着，那样就真正成为你的习惯了。

人们一般抵制建立习惯性行为的原因，常常是因为觉得它们会限制自身的主动性和创造性。例如安排固定的时间和伴侣约会，或是规律性地从事一些类似画画的艺术性活动。事实正好相反，如果我们不把活动变为习惯和规律，无论是去健身房运动，还是和家人相聚，或是阅读，我们通常永远不会再去尝试它们。这种情况下往往不是顺其自然地去进行这些活动，而是让我们变成被动地生活。在一种有规划、有规律的生活中，我们可以妥善地安排时间，为更好地发展我们的自主性和创造性提供时间保证。更重要的是，我们可以把自主性和创造性与这种习惯性行为完美地结合起来，比如在设定的约会时间，我们可以随意地选择约会的地点。最具创意的人们都有他们自己的日常习惯。正是这些日常规律使得他们更富创意，并可以更好地发挥自主性。

随着时间的累积，你做一项又一项不同的练习，建立一个又一个不同的好习惯时，你会觉得生活越来越自然、越来越幸福，而正是生活中的种种好的习惯造就了你的幸福。

第三章　乐观面对生活

无法改变环境时，不妨拥有好心态

明智的人都知道一个人不可能控制周围的环境。但是，我们可以选择周围的环境。

对于大多数人来说，我们一定要承认自己控制不了外部条件这个事实。那么，我们能做什么呢？我们可以控制我们的想法，通过控制自己的想法，并且运用这种最伟大的力量——选择的力量，我们可以间接地改变周围的环境。

这是一个发生在战争时期的例子：在战争期间，每个年轻人都要求去参军。这是特殊时期的特殊要求，他没有别的选择，他必须为自己的祖国做贡献。他被带到军营里，在那儿接受训练，他在为参加战斗做准备。到现在为止，他自始至终都没有任何选择的余地，他必须做上司让他做的事情，必须遵从命令，但是他仍然有选择自己的想法的权力。如果他选择了诸如他不可能活着打完仗，他会受伤致残这样的想法，而这些事情又恰恰发生了的话，那也没有什么好奇怪的。我们知道，事实上，一个人或一个士兵确实可以通过改变对事情的态度来保护自己。英国最伟大的科学家之一，F.L. 罗桑在《生活理解》一书中，给我们讲述了一个关于英国军团的故事。这个团在威特利斯上校的带领下，曾在第一次世界大战中服役四年而没有人员损失。军官和士兵们的积极配合使这种空前绝后的纪录成为可能。就因为他们不断地、有规律地背诵并重复《诗篇》第 91 条中被称作"保护诗篇"的文字。这也是一个关于选择力量的例子，通过运用人类拥有的最伟大的力量达到保护自己的目的。

外部的环境好坏变化无常，这是众所周知的。有的人甚至在情况好的时候都活不下去，情况糟时就可想而知了。这主要是因为他们没有运用这种最伟大的力量——选择的力量。当陷于困境时，许多人裹足不前，内心满是失意与落魄，等着政府采取措施来改变这种状况。但有些人则会运用选择的力量来让自己拥有一个好心态。这种人即使在困难时期也可能取得成功。许多最伟大的事业都是在"所谓的"困难时期开始并建立起来的。为什么会这样？因为这些成功的开创者拒绝迷信所谓的困难时期，他们总是朝前走，所以他们成功了。

在"经济萧条"时期，有个年轻的生意人认为自己的生意之所以做得不好，是因为时运不济，赶上了困难时期。他认为除非能够使周围的情况变好，他的生意才可能有所好转。然而，就在这个困难时期中最困难的一段时间里，他偶然走进一个购物区，发现这个购物区有两个卖肉的，他们之间隔着十来家商店。其中一个肉贩子非常忙，人们在他的摊位前站成三四排等着。而另一个摊前却门可罗雀。问题就出在这里。经济的萧条、环境的艰难是客观存在的，但是对于这同一个街区中的两个肉贩子来说，其中一个甚至压根就不知道或者是没有意识到有"经济萧条"这个东西，而另一个人却几乎连糊口都做不到。这个年轻的商人决定进行一番调查。他走进那家有人在排队等候的肉店。老板先用一种非常客气的口吻跟他打招呼，然后又说："我很忙，但您只需要等上几分钟我就可以招呼您了。"他对每个顾客都是态度亲切而有礼貌，并乐意为顾客解决困难，真诚为他们服务。他从来只给顾客提建议，不与顾客争执。买卖就这样愉快成交。随后，这个年轻商人来到另一家肉店。老板咆哮道："你要买什么？"他不卖给年轻人想买的肉，却强行推销他觉得人家应该买的。这样的作风令人不快，因此，顾客也就越来越少。不同的经营态度的选择，所发挥出来的力量也不一样。

这个肉贩认为在这段困难时期，生意要想做好很难。所以，在顾客们的眼里，他是一个没有礼貌、没有教养的人。另外，他甚至把自己的不良情绪发泄到光顾他肉店的顾客身上。另一个肉贩选择了相信生意做得好坏是自己的责任。于是他待人礼貌公平，乐于助人。他不知道经济萧条意味着什么。他做出了正确的选择。那个觉得生意不好做的人做出了一个错误的选择。

年轻的商人意识到了两个肉贩之间的不同。第二天他回到自己的办公室开始工作。他选择了相信那是他自己的责任，而与环境或政府无关。他开始进行广告宣传，调整了商品的价格，进行特卖活动，对生意做了一些必要的调整使之适应目前的环境。不久他又忙碌起来了……生意又好起来了……他又在赚钱了。他没有改变周围的环境，但他改变了自己。他运用了选择的力量，他的生意不但没有关门，反而比以前更红火了。

如何才能使人们意识到这种选择的力量呢？难道只有通过某种特定的方式才能使人们认识到这种伟大的选择力量吗？这种力量只存在于人类自己的头脑中，他们可以自主选择，逐步规划，过自己梦寐以求的生活。把责任归于周围的环境是再容易不过的；把责任归于亲戚朋友也是再容易不过的；把责任归于政府还是再容易不过的；把责任归于任何人、任何事都是再容易不过的，如果你选择这样做的话。但许多人都意识到了选择的力量，他们才逐渐地取得了进步。这种进步不仅表现在生意上，也反映在一个人的社会生活、家庭生活和私生活上。他开始意识到自己才是那个做出选择的人，而他的朋友们、亲戚们，虽然都是为他好，却不能代他做出选择。因此，他建立起了一种货真价实的自信。这种自信是建立在他自己的能力、活动和主动性的基础之上的。他不再依赖周围的环境，也不再依赖想象中的某个东西，而是依靠自己。从他意识到这种力量开始，结果就开始不断地显露出来。

自信是幸福的敲门砖

美国哲学家罗尔斯曾说过：所谓信心，就是我们能从自己的内心找到一种支持的力量，足以面对生或死所给我们的种种打击，而且还能善加控制。凡是能找到这种力量的人，必是最后取得成功、敲开幸福之门的人！

成功人士与失败者之间的差别是：成功人士始终用最积极的方式思考、最乐观的精神去面对，以及用最辉煌的经验支配和控制自己的人生。一般人都认为不可能的事，你却能向它挑战，这就是成功之路了。信念会使你超越内心给自己所设的限定，相信你是天生的赢家。

日常生活中，一个人只要有自信，那么他就能成为希望成为的样子。

心理学家做过这样的实验。他们从一个班级的大学生中挑出一个最愚笨、最不招人喜爱的姑娘，要求她的同学改变以往对她的看法，大家也真的打心眼里认定她是位漂亮聪慧的姑娘。不到一年，这位姑娘便奇迹般地出落得漂亮起来，气质也同以前判若两人。她对人们说，她获得了新生。确实，她并没有变成另外一个人，然而在她身上却展现出每一个人都蕴藏的美，这种美只有建立在强烈的自信心上，才会展现出来。

自信是一种天赋，天下没有一种力量可以和它相提并论。一个小小的信心可以移动巨大的山峰。所以有信心的人，没有所谓的不可能。他会遭遇挫折困难，但他不会灰心丧气。

几乎每个人都曾一度丧失信心，但如果他有智慧，便能找回信心。童年时凭着信心，驾一叶扁舟航行大海，常会被人生的大风浪弄翻小舟。所以传统的信心还是不够。

假使我们有勇气继续前进，对于我们看不到的地方就只有凭信心了。我们进可以攻，退可以守，还可以找到一个更坚定、更崇高的信心。

自信的态度决定人生的高度。

拿破仑·希尔认为一个人是否成功，就看他的态度了。

有些人总喜欢说，他们现在的境况是别人造成的。环境决定了他们的人生位置。但是，我们的境况不是周围环境造成的。说到底，如何看待人生，由我们自己决定。纳粹德国集中营的一位幸存者维克托·弗兰克尔说过："在任何特定的环境中，人们还有一种最后的自由，就是选择自己的态度。"一般人都认为不可能的事，你却肯向它挑战，这就是成功之路了。然而这是需要信心的，信心并非一朝一夕就可以产生的。因此，想要成功的人，就应该不断地去努力培养信心。

没有自信，人们便失去成功的可能。自信是人生价值的自我肯定，是对自我能力的坚定信赖。失去自信，是心灵的自杀，就像一根潮湿的火柴，永远也不能点燃成功的火焰。许多人的失败不是在于他们不能成功，而是因为他们不敢争取，或不敢不断争取。而自信则是成功的基石，它能使人强大。

自信的态度在很大程度上决定了我们的人生，我们怎样对待生活，生活就怎样对待我们；我们怎样对待别人，别人就怎样对待我们；我们在一项任务刚开始时的态度决定了最后有多大的成功，这比任何其他因素都重要；人们在任何重要组织中地位越高，就越能达到最佳的态度。

人的地位有多高，成就有多大，取决于支配他的思想。消极思维的结果，最容易使人陷入消极环境的束缚当中。成功之路是信念与行动之路。

信心就存在于你的体内，是与生俱来的。只是现在我们陷于一种复杂混乱的状态中，把运用信心认为是一种冒险，所以不敢轻易尝试而已。

我们需要生活的动力来征服心头的纷扰、折磨、缺陷。我们本来很软弱，所以需要力量来支持。信心更能使我们坚强。

自信能最大限度地影响我们的生活、事业以及一切，并能让你成大事。脱颖而出者，是一个才华横溢、能力超群之士，那么你肯定会尽情发挥你自以为长的天赋，最终，你必将成为一名成大事者。

坚强的自信，便是伟大成功的源泉。不论才干大小，天资高低，成功都取决于坚定的自信心。相信能做成的事，一定能够成功。反之，不相信能做成的事，那就决不会成功。

笑能给人增添信心，这是多数人所经常体验到的。放声地笑，表明了"我有信心，我是一定能行的"。但要记住，培养起自己对事业的必胜信念，并非意味着成功便唾手可得。自信不是空洞的信念，它是以学识、修养、勤奋为基础的。

俄国大文豪托尔斯泰，有一次对另一位文学家高尔基说：人不能拒绝最基本的信心，应该对之加以重视。因为信心会影响自己的心灵，刺激积极的冲动，使自己最崇高的天性不遭受可悲的伤害。那些喜欢疑虑嘲讽的人，他们的心灵一定有毛病。

自信与骄傲仅仅一步之遥，骄傲是盲目的，自信是清醒的；骄傲更多的是留恋于已有的，自信则主要是关注未来。

高尔基曾说过："只有满怀自信的人，才能在任何地方都把自信沉浸在生活中，并实现自己的意志。"许多人本来可以做大事、立大业，但实际上只能做着小事，过着平庸的生活，原因就在于他们自暴自弃，他们不怀有远大的希望，不具有坚定的自信。

与金钱、势力、出身、亲友相比，自信是更有力量的东西，是人们从事任何事业的可靠的资本。自信能排除各种障碍、克服种种困难，能使事业获得完满的成功，使幸福之门为我们敞开。

有的人最初对自己有一个恰当的估计，自信能够处处胜利，但是一经挫折，他们却半途而废，那是因为自信心不坚定的缘故。所以，光有自信心还不够，更须使自信心变得坚定，那么即使遇到挫折，也能不屈不挠，向前进取，决不会因为一遇困难就退缩。

假使我们能把握住自己认为最崇高的信心，那么即使我们身处于逆境中，信心仍能支持我们。拥有自信的每一刻我们都是幸福的，不论当下境况如何。

想幸福就别太在意他人评价

我们身处社会中，面对错综复杂的人际关系，不管是主动还是被动，我们难免会时不时听到一些他人对自己的评价。然而想要生活舒心、拥有幸福感的我们必须学会不去过于在意别人的看法，尤其是有些事情进展不顺的时候。

如果一个人能不理睬他人的风言冷语，善于保护自己，那么他完全可以塑造出正面的自我形象来。那些脸皮薄、心肠软的人，在试图实现任何理想的过程中，总是对这个过程中第三方的评价心存疑虑，因此做事难免缚手缚脚、瞻前顾后。这样行动起来，本来可以直接达到目标的路径，却因有所顾忌而放弃，因此就平添了许多麻烦，反而不易实现自己的理想。

有成功潜质的人，能够把别人的评价放在一旁，拒绝接受任何人试图强加于他头上的种种限制。更加重要的是，他们不会因为其他的扰乱因素而改变自己的行动计划，也从不怀疑自己的能力和价值。对待别人的讥讽、嘲笑、辱骂，以及任何其他涉及自己尊严和脸面方面的问题皆不在意，一心一意地朝着自己心里想的去做，所以他们往往更容易步入成功人士的行列。

晏子是春秋后期一位重要的政治家，他以有政治远见和外交才能，作风朴素闻名诸侯。他爱国忧民，敢于直谏，博闻强识，善于辞令，主张以礼治国，在诸侯和百姓中享有极高的声誉。还在未做国相时，齐景公命晏子去治理东阿。晏子满怀热情地准备去那里大展宏图。然而，3年之后，向朝廷告状的人越来越多，景公非常恼怒，他将晏子召了回来，要罢免他的官职。

　　晏子知道自己的治理方式饱受争议，但为了自己能够继续施展才能，于是非常谦卑地对齐景公说："臣已然知错，但请大王再给臣3年的时间，那时，人们必定会说好话了。"景公见他十分诚恳，好像的确很有把握，便答应了他的请求，仍旧让他治理东阿。这样，3年很快又过去了，景公果然很少再听到对晏子不满的声音，都是一些盛赞他的话。景公十分高兴，于是召晏子入朝，打算予以嘉奖。不料晏子却诚惶诚恐地表示不敢接受。

　　齐景公感到很奇怪，就问晏子究竟是什么原因。晏子回答说："第一次我去东阿的时候，让人修筑道路，还施行有利于百姓的各种措施，坏人便责备我；我主张节俭勤劳，尊老爱幼，惩治偷盗无赖，无赖便会怨恨我；权贵犯法，我也严加惩治，毫不宽恕，权贵们嫉恨我；我身边的人如果有触犯法度的行为，我也惩罚他们，周围的人责骂我。这些对我的恶语中伤四处传扬，甚至有人还在背后告我的黑状。这样，您认为我的确做错了。第二次，我就改变了做法。我不让人们修路，拖延实施利民措施，坏人就高兴了；我并不再提倡节俭勤劳、尊老爱幼，还释放那些鸡鸣狗盗之徒，无赖们也开心起来；权贵们犯法，我并不依法惩治而予以偏袒，权贵们开始奉迎我了；周围的人无论有什么要求，即便是违背法度的事情，我也有求必应，因此，周围的人也满意了。于是，这些人又到处颂扬我，您也就信以为真了。3年前，您要处罚我，其实我应该受赏；现在，您要封赏我，但其实我该受罚。"齐景公听后，恍然大悟，知道晏子是一位有德有才的良臣，于是立刻拜他为相，并把治理全国的重任都交给他。自此以后，凡是有对晏子不利的言论，齐景公一概不予理会。后来，在晏子的治理下，齐国终于实力大增，成为争霸天下的强国之一。

　　一般人把自己的尊严和荣誉摆在最重要的位置，宁折不屈是他们的做人准则。但晏子的高明之处是，他并不急于替自己辩解，笑骂由人，而是用行动来告诉齐景公，不管是执政还是用人，都要担得起风言冷语，也要能够分辨是非真假。在这方面，齐景公也是聪明人，一点就通，这样才能真心诚意地任用晏子为相，使齐国强大起来。

机会青睐肯等待的人

事业有成，实现梦想是我们每个人最常见的终极目标之一。为此会不时畅想，大功告成的那一刻，该有多么幸福。不过梦想不能一蹴而就，生活也不会把你想要的一下全给你，它需要我们耗费光阴、几经周折。想干一番事业，或者想办成一件事，如果时机不到，就要等待。需要有坚定的毅力，而毅力的关键在于要用耐心来把握自己的心境，耐心就是克服浮躁，使内心归结到平静这种境界的法宝。

曾国藩年轻时，说话办事快言快语，不计后果。当他年龄稍长之后，便对这个坏习惯深恶痛绝，屡屡在日记中自我批判，强调这是没有耐性的行为，是缺乏修养的表现。

随着年龄的增长，曾国藩终于把自己修炼成了"眼作三角形，常如欲睡，而绝有光"地读书看人。读书时，一本不读完，绝不换另一本来翻看，即使没有什么兴趣，也不在半途放弃；看人时，两眼紧盯，若有所思，但嘴上绝不说话，一定要等观察结束时，想好了应对之词，才慢慢开口，这时的曾国藩显然已经有了足够的耐心。

他在日记中说：缺乏耐心的人总是不能全神贯注地做一件事情。而不能全神贯注做一件事情的根源在于实践的不多，社会经验少。同时也是因为自己的志向没有树立，决心不够坚定，缺乏毅力。

古时人们常说，时机不成熟就隐没自己，但隐没不是把自己藏起来，根本不出现，封住自己的口，把思想与言论烂在肚子里，也不是把自己的智慧隐藏起来不发挥，而是说，时候不好，暂时退一步。这是保全自身的办法。

如果你耐心等待，成功的机会就一定会出现在你面前。

李白有铁杵磨成针的恒心终成一代文豪，曹雪芹一部《红楼梦》写了整整 20 年，他的耐心最令人佩服。没有一种成功不需要等待。在磨炼中养精蓄锐，在静寂中整装待发，等待是一种坚韧自信。在等待中，可以不断让自己成长，养精蓄锐，可以检讨自己往日的得失，为未来打好基础。日本近代有两位一流的剑客，一位是宫本武藏，另一位是柳生又寿郎。当年，柳生拜师宫本。学艺时，向宫本说："师傅，根据我的资质，要练多久才能成为一流的剑客？"宫本答道："最少也要 10 年吧！"柳生说："哇，10 年太久了，假如我加倍苦练，多久可以成为一流的剑客呢？"宫本答道："那就要 20 年了。"柳生一脸狐疑，又问："假如我晚上不睡觉，夜以继日地苦练呢？"宫本答道："那你必死无疑，根本不可能成为一流的剑客。"柳生非常吃惊："为什么？"宫本答道："要当一流剑客的先决条件，就是必须永远保留一只眼睛注视自己，不断反省自己。现在，你两只眼睛都只盯着剑客的招牌，哪里还有眼睛注视自己呢？"柳生听了，满头大汗，当场开悟，终成一代名剑客。

　　成功必须包含等待，没有学会等待的追求难以成功。所以，耐心对于一个人很重要，机会会在你耐心等待的时候出现在你面前。

第三篇

为什么总在和过去比较：
珍惜眼前的幸福

第一章　当下拥有的才是幸福，期望也许只是泡影

明天的快乐可能会辜负你的期待，但今天的不会

清晨挤在公交车里，总是能见到啃着面包看着手表的人。人来人往的大街上，总是有人步履匆匆地接着电话谈着公事。天黑之时，总是看得到那些在地铁中昏睡过去的人们。这个时代充满忙碌，人们也习惯了这样的行色匆匆，或者为梦想或者为生活，只是在物质越来越富足的今天，人们开始更多地思考一个问题：快乐哪里去了？

在物欲横流的今天，有太多人把快乐变成了对明天的期待。

"明天，我在北京三环有了房子，我会很快乐。明天，我能开着法拉利，我会很快乐。明天，我穿着PRADA，拿着LV，我会很快乐。但是，当明天，我有了房子，我开始期待明天过后的法拉利，开始不停地期盼着这样的明天……"明天，我们真的快乐了吗？偶尔停下来想一想，我们真的就那么想要明天的快乐吗？

或者说，明天的快乐是否真的是种快乐？

还记得吗？当我们还是个位数的年纪时，兜里揣着几元零花钱，最快乐的时光是放学时买上一根冰激凌，然后背着小书包一路晃回家。

还记得吗？那还是笑容单纯的年纪，在海边奔跑会发出一连串的笑声，在晨光中逮到几只小螃蟹就会兴奋地大喊大叫，和伙伴们用沙子堆起一座城堡就觉得自己是伟大的建筑师。

还记得吗？那还是对爱情懵懂的岁月，最开心的事情是每周的串座位，会在心里默默地计算着和喜欢的那个人的距离，发现他（她）上课时不经意地瞥你一眼，就会偷笑一整天。

那样的快乐，你还记得是什么感觉吗？那样的美好纯净，你还记得吗？长大了，我们开始期待的所谓的快乐变得现实了，变得可以衡量了，变成了冰冷而又具体的数字，快乐也格式化了，快乐也有公式了，可是，你还快乐吗？

在《雷雨》中，周老爷对鲁妈二十几年念念不忘，可为何却在相见之时愤怒、悲伤、绝望，他爱的其实是他想象中的那个人啊！因为不得相见而拥有想象空间，得以让他憧憬美化。然而，那却不是真正的鲁妈。同样，人们对于明日快乐的期待，多半来自求而不得后的想象，当有一天真的面对的时候，那份快乐消失了，因为失望了。

其实，与其期待明天的快乐，我们不如珍惜今天的快乐。快乐可以很简单，别人的一个微笑、一句鼓励，自己的一点儿进步，都足以让你快乐，我们要做的只是将这份快乐留住，并且好好珍惜。

温暖柔和的阳光把你的眼照成金黄色，道路两旁的树在风中尽情摇曳，而你，走过平日里走过的路，细细去闻，却发现了阵阵花香。这样的快乐，却是比那个不知何时会到来的明天的快乐更加真实的今天的快乐。所以你还要放弃你所拥有的今天的快乐吗？还要舍弃很多去追求所谓的快乐吗？

辛弃疾曾说："众里寻他千百度，蓦然回首，那人却在灯火阑珊处。"那么，你可曾想过，你不停追求的快乐，对于明天过分期待的快乐，其实不在你的前方，而在你的手旁，是你丢了发现它的眼光，是你太急切太狭隘地只看得到未来，而它只是淡笑着立于你的身旁，就在你触手可及的地方。

未来的快乐很美好，但是也很虚幻，然而今天的快乐很真实也很简单。还记得红极一时的网络段子吗，快乐是什么？快乐就是，猫吃鱼，狗吃肉，奥特曼打小怪兽。快乐是你发自内心的笑容，是你简简单单只要会珍惜就可以拥有的，那些真的需要你去费力追寻的，得到手才发现不是你要的快乐。

今天的快乐，你拥有了珍惜了还是推开了？明天的快乐，你还在期待憧憬着吗？如果遇到今天的快乐，笑一笑告诉自己，嗯，我不会再错过了……

我们为什么总是活在过去和现在的比较中

当生活中一些小问题出现的时候，许多人喜欢比较，例如，当你发现星巴克咖啡 31 元一杯的时候，回想一下昨天买同样一杯咖啡花了多少钱，比想象用同样多的钱能够买其他什么东西要容易得多，因为回忆过去的经历比重新设想新的可能性要简单得多，所以在应该同其他可能性比较的时候选择了跟过去比较。其实应该将它跟其他可能进行比较，因为无论咖啡在一天以前、一周以前，甚至是一年以前的时候售价是多少，这些都没有什么关系。现在，你要花的是绝对的人民币，因此你需要回答的唯一问题就是：怎么才能花最少的钱得到最大的满足？如果进口咖啡豆突然遭到禁运，而一杯咖啡的价格已经飙升到了 1 万元一杯，那么你唯一需要问自己的问题就是："用 1 万元，我还可以做其他哪些事情，这些事情带给我的满足感比一杯咖啡带给我的满足感是多还是少呢？"如果答案是"更多"，你就应该离开咖啡店。如果答案是"更少"，你就应该点一杯咖啡。

回忆过去比考虑其他可能性要简单得多，这一事实让我们做出了许多稀奇古怪的决定。比如，人们更有可能购买从 5000 元降到 3500 元的旅游服务，但是却不愿意购买现价 3500 元、昨天却还在以 2500 元促销的一模一样的服务，因为把服务价格同过去的价格比较要比将它同一个人可能购买的其他东西进行比较简单得多，所以我们最后选择了变得可以接受的不划算的交易，而放弃了从绝妙的交易变成很不错的交易的那个选择。

这种倾向的结果是，我们对待"有可回忆的过去"的商品的态度同没有过去的商品的态度大相径庭。比如，假设你的钱包里有一张 100 元的钞票，还有一张价值 100 元的演唱会入场券，但是，在你到达演唱会现场的时候，却发现自己在路上弄丢了入场券。你会重新购买一张门票吗？大部分人都会说不。现在，请设想你钱包里有两张 100 元的钞票，在到达演唱会现场时，你发现自己在路上弄丢了一张钞票。你会购买演唱会门票吗？大部分人会说是。并不需要精通逻辑学，我们就可以知道，在这两种情况下，所有有意义的要素是完全一致的：你失去的都是一张面值100元的纸（一张入场券或者一张钞票），而且你都要决定是否要花钱包里剩下的钱来购买一张入场券。然而，因为坚持将现在同过去进行比较的偏好，我们对这两个完全一致的情况做出了不同的分析。在弄丢了100元，并第一次考虑要购买一张入场券的时候，这场演唱会是没有过去的，所以，我们正确地将看演唱会同其他可能性进行了比较，我是应该花100元看演出呢？还是买一副鲨鱼皮皮绒手套。但是，当我们丢掉的是以前购买的演唱会门票，并考虑重新买一张时，这场演唱会就是有过去的，所以我们会将现在看一场演唱会的代价（200元）同过去的代价（100元）进行比较，感到自己不愿意看一场价格突然翻了一番的表演。

比较就是这样，有时让人欢喜，自然有时也会让人愁了。对于比较来说，什么样的比较能让人幸福，如何比较会让人幸福，这些都是需要比较者仔细考量的。

人们大都爱拿现在与过去做比较，是因为通过比较，我们能够区分优劣，能够更快地选定目标，一旦自己占了便宜就会觉得幸福感倍增。但是，如果你不择时机、不分事情，一味地进行比较分析，那么很可能等待你的不是幸福，而是更多的不幸福……因此，我们能做的就是要把握住现在，而不是沉浸在比较的旋涡之中，这样才不至于在比较的旋涡中迷失了幸福的方向。

幸福是拥有，而非期望

生活中，有许多人是活在明天，而不是今天，仿佛要等到取得驾照、完成学业，或搬离父母家，等等之后，生命才真正开始，一天到晚都是"等到如此如此""等到这般这般"。但是现实往往并非如此，我们必须懂得一个道理，那就是想象的终点，不会距离起点太远。

我们幻想着明天会发生什么样的事情，必须要立足于今天你处在什么样的起点。你的所有力量都集中在今天、此时、当下这一刻。你现在最常想到，或是投入最多注意力的，将会变成你未来的生活，就好像在偿还不久之前的债一样。也就是说，你不可能今天既生气又沮丧，却指望明天会更好。所以专注在今天，现在就获得乐趣、感到满足吧！因为这是让你明天的梦想成真的唯一方法。

那么，我们如何判断自己对将来发生的事情会有什么感受呢？答案就是，我们经常会先想象，如果这些事情发生在现在自己身上会有什么感受？然后再根据现在和以后之间存在误差这个事实进行一些调整。

如果我们让一个小伙子描述他现在遇到身穿比基尼的百威啤酒宝贝，用甜得发腻的声音邀请他给自己按摩时会有什么感受？他的反应其实是能够观察到的，他会微笑，眼睛睁大，瞳孔缩小，两腮通红，其他的器官也会产生自然的反应。如果我们再用差不多的问题来问另外一个小伙子，可能差别也不会大到哪儿去。但是你如果为他设定一个情景，可能情况就会有所不同了，如果你告诉他，他现在看到的是20世纪50年代上海滩的美女，那么他眼前就会浮现这样气质优雅又有历史沉淀的画面。

但如果我们是让一位再年长50岁的人思考这一问题的话，情况就又有所不同了。受时间因素的影响，他最初的激动和热情都消退了。因为他意识到青少年有自己的需要，而老爷爷有其他的需要，并得出正确的结论：与现在这样受丙酸睾酮控制的青年不同，垂暮之年的他可能不会因为仙女一样的少女出现在自己面前而产生那么大的反应。他最初的急切以及其后的泄气很能说明问题，因为它们说明，在被要求想象未来事件的时候，他一开始先想象这些事发生在现在，然后才推演到将来，而到那个时候，身体的衰老将不可避免地损害他的视力和性欲。

当然，在我们的大脑想象的不断虚拟的未来并不是只有美酒、香吻和美食，这些想象也经常是世俗的、乏味的、愚蠢的、令人不快的或者非常吓人的。那些希望找到帮助自己停止思考未来的方法的人，通常都会担心自己的未来，而不是怀着愉悦的心情期待它。就好像你总是忍不住去晃一晃松动的牙齿一样，我们好像都莫名其妙地被迫想象将要出现的灾难和悲剧。

在赶往机场的路上，我们会想象延误登机时间并因此错过同重要客户会谈的机会；在去参加晚宴的路上，我们会想象每个人都带给女主人一瓶酒而自己却两手空空的尴尬场景；在去体检中心的时候，我们会想象医生在看完我们的 X 光片之后皱皱眉头，神情严肃地说出一些可怕的话，比如"我们来谈谈你现在有什么选择吧"。这样恐怖的想象会让我们感到非常害怕，而这也确实令人毛骨悚然，但是结果显示，你不过和正常人一样，他草草地看过你的 X 光片，然后给你一个"没问题"的手势，甚至一句话也没有。这时候你就会感慨自己太爱幻想，其实想象的终点，和起点离得很近。

在想象未来事件并判断自己未来的感受时，人们会先想象这件事发生在当下，再根据这件事情实际发生的时间来修正这个想象，这时候，他们跟小伙子犯了同样的错误。比如，某研究中的研究对象被要求预言明天是早上吃肉酱意大利面感觉好还是下午吃感觉好。有些研究对象是饿着肚子预测的，而有些则不饿。

当研究对象在理想的条件下进行预测的时候，他们认为下午吃意大利面比早上吃更愉快，当时饥饿与否对他们答案的影响微不足道。但是，有些研究对象是在不太理想的情况下做出预测的。准确地讲，他们是一边识别音乐音调一边做出预测的。因为想象起点的不同，也终将影响到感官的不同，你的幸福感也会有所变化。

研究表明，同时进行其他任务会让人们停在离起点非常近的地方。事实是，当研究对象一边识别音调，一边做判断的时候，他们判断在早上和下午享用意大利面的感觉是一样的。而且，他们当时的饥饿感对他们的判断有着显著的影响：饥饿的人判断自己期待在第二天吃意大利面（无论什么时候吃），而不饿的人认为自己第二天不想吃意大利面（不管什么时候吃）。这种结果显示，所有的研究对象都使用这种从一个极端移向另一个极端的方式来进行预测。也就是说，他们先想象自己现在是否想吃意大利面（如果饿，吃起来就是"味道不错"，如果不饿，吃起来就是"令人作呕"），并把这个预感当作起点来预言明天的愉悦程度。然后，正如那个假想的小伙子考虑到 50 年后自己对性感的风骚女子的态度也许会跟现在不同，并相应地修正了自己的判断一样，这些实验对象也通过考虑吃意大利面的时间来修正自己的判断（晚饭吃意大利面很棒，但是早饭吃太恶心了）。然而，一边识别音调一边进行预测的人就没法修正自己的判断了，因此，他们的终点非常接近起点。因为在试图预测未来感觉的时候，我们会本能地把目前的感受当作起点，所以期待中未来的感觉更像现在的感觉而不是到时候我们真正的感觉。

　　这对于衡量人们的幸福感也同样适用，人们在衡量自己接触某件事物是否会提高自己幸福感的时候，总是会立足当下，发挥自己的想象，假设未来的事情如果发生在现在，会为我带来怎样的幸福。这正告诉我们，不要总是沉浸在对未来的想象之中，因为想象的依据仍然是当下。因此，我们要想未来幸福，最重要的还是要把握住当下，因为幸福源于当下，而非期望。

第二章　现在幸福胜过未来幸福

大脑思考时间最长的永远是今天的一切

每个人心中总会有多多少少的回忆，而每个人对未来也总有憧憬的画面，回忆会让人沉浸，未来会让人漂浮，不如想想现在。

对于时间来说，今天就如同一棵植物的根，树根汲取养分才能够生长出根茎、枝干和树叶。今天就是已经成长起来的，也包括那些折断了的枝干和飘落了的树叶。它们之所以曾经存在过和将要存在，最终还是取决于它来自根的养分的提供。

现实生活中，我们恋爱、受伤、痛苦、大笑……这些都是我们对当下生活真实的感悟。随着年龄的增长，回忆在我们的大脑中就越来越多，而这种积累正是源于我们的日常生活。生活，其实就是亲情、爱情、友情的大集合，许许多多的悲悲喜喜伴随我们，当我们回忆往昔的时候，评定你是否幸福，与之对比的是你今天的生活；而当我们畅想未来的时候，我们立足的也是当下的生活。如果十年、二十年以后，我们回想我们的生活，对于幸福的评定仍然来自当下。

回忆起曾经的甜美、幸福与温馨，当初的放到现在，一切变得那么伤感。哪怕回忆过程中我们是悲伤痛苦的，但是我们自己清楚地知道，当初的那些岁月中，你是幸福的。

生活像是在看预告片，总是为看不到前面的情节而惋惜，为看不到后面的结局而猜想，而无法专心地看现在的那段情节，与其去思前想后，倒不如去享受这现有的精彩画面，这才是上上之策。

柏拉图有一天问老师苏格拉底，自己什么时候能取得人生最大的成功，苏格拉底叫他到麦田里从一头走到另一头，中间不允许回头，在途中要摘一个最大最好的麦穗拿回来，条件是只可以摘一次。柏拉图觉得很容易，就充满信心地出去了，谁知回来时却垂头丧气，两手空空。苏格拉底问他原因，他说："很多麦穗看上去都很大，可是因为只可以摘一个，所以总觉得前边可能还有更大的，可是到头来才发现手上一个麦穗也没有……"苏格拉底告诉柏拉图，所谓的成功就是如此，不要把希望总是寄托在明天，要着眼于现在。

　　在现实生活中，每个人都喜欢回顾过去和畅想未来。回忆过去那令人羡慕的辉煌，惋惜过去那惨痛的失败；或者沉湎于对美好未来的幻想之中，有时候又会对今后未知的生活产生无端地忧虑。然而，昨天已成为过去，明天还没有到来，在自己手中牢牢掌握的只有现在。把握现在，就是不必为无可挽回的过去而懊丧，也不必为了遥不可及的未来而想入非非。要实现梦想，获得成功就必须要把握现在。

　　还记得儿时的梦想吗？有多少变成了现实？这是多么可悲的事情，又有多少我们真正动手去做了？其实梦想是从把握现在开始逐渐实现的。有了目标就要着手行动，不要面对多姿多彩的想法而陶醉不已，不去努力为之奋斗，那梦想永远只是一个漂亮的肥皂泡，瞬间精彩，却转瞬即逝。也不要只是口头说说，也不要面对成功路上的艰难险阻而迟疑犹豫，更不要因为等待"最佳时机"而让沸腾的思想冷却下来，那样只能让我们失去精彩的今天，别总想着"明日复明日"，那样你的明天永远不会到来。

　　与其担心未来，不如现在好好努力。这条路上，只有奋斗才能给予你安全感。不要轻易把梦想寄托在某个人身上，也不要太在乎身旁的轻言耳语，因为未来是你自己的，只有你自己能给自己最大的安全感。别忘了答应自己要做的事情，别忘了自己想去的地方，不管那里有多难，有多远，有多"不靠谱"，属于你的一切，都是那么的有价值，即使是失败的，也是一份价值连城的经验。

有这么一对夫妻，从结婚开始就为以后的生活操心，当同龄人都生了孩子，安享天伦之乐时，他们觉得不能要孩子，因为他们觉得让孩子出生在一个经济条件较差的家庭中，是对孩子的不负责任。于是，他们拼命挣钱、攒钱，打算等买房买车后就要个孩子。

但是，不幸的是，几年的辛劳，女方已经累出了一身的病，不但无法生育，还不得不将先前拼命攒下的钱用来买她的健康，从此忧郁和愁闷就长久地笼罩着他们的心。

另外一对夫妻，他当年没结婚时，没有积蓄，居住在破旧的小房子里，但他们生活得很惬意，特别是有了孩子之后，虽然生活仍有些拮据，但是他们每逢节假日都要带着孩子去旅行，坐火车时，不管多近的路都要买卧铺；住宾馆时，从不住便宜的房间，他们说应该偶尔让孩子体会一下舒适的生活。

渐渐地，他们的孩子长大了，他们发现孩子在绘画方面很有天赋，就为孩子请了有名的美术老师做家教。现在，孩子已经长大成人，并在艺术领域小有成就了。在国外留学的孩子写信回来说："虽然我们家一直过着清贫的日子，但是我一直生活得很快乐，我怎么也忘不了小时候去旅游坐火车、住宾馆时的快乐，更无法忘记当年在老师的引导下初次进入艺术领域的那种兴奋。谢谢爸爸、妈妈，你们让我的人生缤纷多彩。"

对于我们来说最重要的是，不管做怎么样的选择，都要对得起自己的内心。很多年以后，你再次回想起来，唯一让你觉得真实和骄傲的，是你昂首挺胸用力走过的人生。

百川东到海，何时复西归。既没有人能留住时间的脚步，也没有人能留住永远的春花。我们既回不到过去，也决定不了未来，那么就让我们用如花的心情来珍惜灿烂的每一天，就让我们用如水的柔情来善待美好的生活，这样花落时我们没有遗憾，水流时我们只有平静。

时间是一个人可以花费的最有价值的东西。把握现在，过好每一年，我们的人生就会相当美满；过好每一天，春夏秋冬就会色彩斑斓；过好每一分每一秒，让努力的气息填充其间，让憧憬中的未来不再遥远。把握现在，就要立刻行动起来，生活不是守株待兔的遐想，也不是亡羊补牢的缅怀，只有行动才会让我们的明天更加精彩。

把握现在，就不要痴想未来，老想着明天的种种，现在的时光就会白白流逝；把握现在，就不要回想过去，总怀念过去的一切，有限的精力就会被无端浪费。把握现在，就是坦然地面对一切，不必为失去的机遇而扼腕长叹，也不必为不公平的现象而患得患失。

谁都想充分证实自己，实现与理想毫不相悖的人生价值。可是，期望与现实往往发生冲突，我们所获得的未必是所期望的，与其一厢情愿地久久眺望远方的海市蜃楼，不如现在踏踏实实地收获一份平淡的真实幸福。

着眼现在，往事随风去

过去的已然成为现实，没有时光机可以倒退时光更改历史，所以要承认现在的客观存在性。无休止地后悔、抱怨过去都是毫无意义的。当然，总结教训经验一类的，还是相当有用处的，且是要用客观的态度去对待，不掺杂任何偏向情感进行总结。而实际上人们还是乐于回忆那些印象深刻的过往，有些时候我们会在脑海里代入当年的角色，重新体味那些有意义的过去，然后从中领悟一些"现在"所需的东西。或许潜意识里，回忆是将"过去"与"现在"做对比，察觉差距，获取所需的观感调整。

不论处于何种环境和条件下都需要以正确的心态看待世界和人生，对待生活和工作。在压力下摆脱烦恼，在痛苦中找到快乐，在逆境中发现机遇，在失败中看到希望，从而掌控自己的命运航向，收获事业、财富、健康、幸福和成功。

如果说"回忆"将"过去"与"现在"联系到了一起，那"憧憬"应当就是"现在"与"未来"的纽带。当然，未来的事还没有发生，相比过去，如果能够安排的话，或许更多人会选择一个理想化的未来，因为未知对于人来说更具恐怖感，也说明人在潜意识里都知道过去的不可改变。

就像《蝴蝶效应》所表达的：过去与未来都不是呈现在现在的眼前，即不是你现在所能触碰到的，只是脑细胞活动的产物。对于这两者的态度就可以用积极和消极来划分，毕竟无喜无悲的圣人难有，取个平衡吧！

在美国小女孩芳娜的记忆里，她童年的天空似乎永远是灰色的。

不幸身为私生女的她，在周围人们的眼中总是那么卑微与耻辱。老师和同学冰冷、鄙夷的目光，小镇上的居民在她和妈妈背后的指指点点与窃窃私语，让年幼的她变得越来越自卑，她开始主动封闭自我，逃避现实，不愿与周围的人接触。

她13岁那年，小镇上来了一个新牧师。每次礼拜天，镇上的居民便扶老携幼、携家带口纷纷走进教堂，听这个有修养的牧师讲经。

从教堂出来的人们脸上都洋溢着快乐，而芳娜每次只能静静地躲在远处，想象教堂里的美好，却从不敢走进去。因为她懦弱、胆怯、自卑，她认为自己没有资格进教堂。

有一天，她鼓起勇气，偷偷地溜进了教堂，躲在最后一排听牧师的讲经。牧师正讲道："过去不等于未来。过去你成功了，并不代表你未来还会成功；过去失败了，也不代表你未来就要失败，因为过去的成功或失败，只是代表过去，未来是靠现在的行为去决定的。

现在干什么，选择什么，就决定了未来是什么！失败的人不要气馁，成功的人也不要骄傲，成功和失败都不是最终的结果。它只是人生过程的一个事件。因此，这个世界上不会有永恒成功的人，也没有永远失败的人。"芳娜的心灵犹如流过一股暖流，封闭的心也开始慢慢融化。

以后每到周末，她总会溜进去听讲，却总是在结束前悄悄离开——她不想让别人看到。

直到有一天，她听得入迷忘记了提前离开。在散场的人群中，牧师的双手突然搭在她的肩上，他和蔼地问芳娜："你是谁家的孩子？"人们都愣住了，芳娜也完全惊呆了，不知所措地站在那里，眼里含着泪水。

　　这时，牧师脸上浮起慈祥的笑容，可亲地说："噢——知道了，我知道你是谁家的孩子了——你是上帝的孩子。"他抚摸着芳娜的头说："这里的所有人和你一样，都是上帝的孩子！过去不等于未来。不论你过去怎样不幸，这都不重要。重要的是你对未来必须充满希望。现在就做出决定，做你想做的人。孩子，人生最重要的不是你从哪里来，而是你要到哪里去。只要你对未来充满希望，就会充满力量。不论你过去怎样，那都已经成为过去。你只要调整心态、明确目标，乐观积极地去行动，那么成功就是你的。"在人们的掌声中，芳娜终于抑制不住激动，眼泪夺眶而出。

　　从此，芳娜的人生彻底改变了。她不再自卑，不再在意自己的身世。在40岁那年，她担任了田纳西州的州长，后来她弃政从商，做了一家大型跨国企业的公司总裁。67岁时，在她的回忆录《攀越巅峰》一书的扉页上，她写下了神父的话："过去不等于未来，从现在起就理直气壮地做一个你想做的人！"

　　有位历史学家曾经指出："没有消除厚今主义的现成办法；它是很难从现代退场的。"我们中的大多数人都不是历史学者，所以不必担心寻找这个出口的问题。然而我们都是未来人，当人们往前看的时候，厚今主义便不请自来，而且无法消除。因为对未来的预言是现在做出的，它们必然将受到现在的影响。厚今主义之所以出现，是因为我们无法意识到未来的自己还会不会以现在的方式来看待世界。正如我们将要了解到的，未来人面临的所有问题中最严重的一个就是，我们根本不能从以后我们要成为的那个人的角度来看问题。

　　昨天已然逝去，叫作回忆。我们不能将回忆当成未来。毕竟未来比过去更重要，不能因为以前的事情就影响到你对未来的看法。每个人都会有忧伤郁闷的时候。生活就是如此，不会一帆风顺，只要你能想明白，过去的事情总会过去，你还是要独自面对未来。

虽然"过去"和"未来"都不是"现在"所正在经历的，但对于"现在"，"过去"会是一种很好的鞭策，"未来"会有激励引导的作用。而"现在"应该是最受重视的，每个人都是活在当下的。

无论是辉煌的过去还是不堪回首的昨天，都已经过去了，光荣不可重现，失败不会持续，明天才是应该追求的。球王贝利在回答记者关于哪一个进球最令他骄傲时，他平静地说："下一个。"是的，过去的成功，代表的只是过去，未来什么都有可能发生。昨天的成功与失败，都随着"现在"这个分水岭，被留在了生命的过往旅途中。未来，充满着无穷无尽的可能性。

我们总是习惯下一刻再好好生活

有一个非常著名的禅师，他在 9 岁的时候就下定决心要出家。当时他希望一位老禅师能够为他剃度。老禅师对他说："我明白你已经下定了出家的决心，我愿意收你为徒。不过今天太晚了，待明日一早再为你剃度吧！"他对老禅师说："师父，我不能再等明天了。你说明天一早就会为我剃度，但是我终是年幼无知，不能保证自己出家的决心是否可以持续到明天。而且，师父你也上了年纪了，你自己也不能保证明早起床时是否还活着啊！"

他说的这一句话最终感动了老禅师，老禅师满心欢喜地说："对的！你说的话完全没错。现在我就为你剃度吧！"

今天的事情一定要在今天完成，哪怕是要熬夜晚睡觉，也要把第二天需要的物品整理清楚。告诉自己，这是每一个成功人士都需要养成的一个好习惯。同时还应该意识到，做事有计划是好的，但这只是成功的一半。只有动身去把计划落实，才算是一个成功的好计划。其实处理问题和对待生活是一样的，如果你总是拖沓做事，那么相信你对待生活也是一样拖沓，总是习惯把事情指望在下一个时刻，面对如何让自己幸福的问题，大多数人也总是一拖再拖，而不是立即做起，从当下做起。

都说"一年之计在于春，一日之计在于晨，一家之计在于和，一生之计在于勤"。我们只有把今天的工作做好，有个好的结束，明天才不会被今天所累，才会有个好的开始。这样，明天的工作才会在好的开始中漂亮地完成。

生命其实可以被看作一种物质，它是以时间为单位的。我们大部分人的生命长度看似相近，但是在这相近数量的生命里，我们能够萃取的精华却是大相径庭。生命的宽度与高度取决于我们对待生活的态度和方式。

要想抓住今天，就不要等待明天，不要将今天的事情拖到明天再做，真正地做到"今日事今日毕"。没有责任，就没有压力；没有压力，就没有动力。

西点军规告诉我们：无论做哪种工作，都需要有一种责任心和敬业精神，都要沉下心来，踏踏实实地去做。要做到：以珍惜的态度把握时间，从今天开始，从现在做起，时间是最浪费不得的。时间是人的第一资源，没有一种不幸可以与失去时间相比。所以我们做事不要拖延。

在比尔·盖茨的家乡，每年都要举行一场阅读比赛。比赛的举办方是当地的图书馆，所以比赛的内容就离不开阅读和背诵。比尔·盖茨每年比赛都能够进前三名，有的时候还会捧回冠军的奖杯。当人们纷纷把比尔·盖茨当成神童来看待的时候，他才说出了自己成功的秘密。

原来，小时候的比尔·盖茨一直坚持着阅读的好习惯。9岁的时候，他就看完了《百科全书》。11岁的时候，他就已经能够背诵《马太福音》里面最冗长的段落了。

这一切的成就都要归功于比尔·盖茨的外婆。当外婆发现小盖茨有着惊人的记忆力和思考能力的时候，她就要求比尔·盖茨每天背诵一定的段落和思考一些问题，完不成这些任务，小盖茨就别想出去玩儿。

而小盖茨也一直坚持按外婆的要求去做，他告诉自己，今天的任务就应该在今天完成，因为明天还有更多的新任务在等着自己呢！

在这种训练之下，小盖茨一天天成长起来。直到现在，他也从来不会把今天的事情推到第二天去完成。

比尔·盖茨告诫儿女们：把握今天永远都是最重要的。今日事今日毕，明天还有更多需要你来完成的事情。所以我们若是把现在的任务推到第二天的话，第二天的任务又会被推到什么时候才能完成呢？明日复明日，明日何其多？

中国古代伟大的思想家庄子曾说："人生天地之间，若白驹之过隙，忽然而已。"这句话的意思是，人们生长在天地之间，就好像白马从细小的缝隙前一闪而过，是一瞬间的事，几十年的生命其实是非常短暂的。不要等到人生快要走完的时候，才后悔自己还有很多事情没有来得及去做。

做到今日事今日毕，节约用好每一分时间，其实就等于延长了我们的生命。"悬梁刺股""囊萤映雪"和"凿壁偷光"的典故正是古人有感于时光之短暂而为珍惜时光所做的努力。

"明日复明日，明日何其多，我生待明日，万事成蹉跎"，这是《明日歌》中的内容。事实也的确如此，明天过了还有明天，它永远不复返，且又永远无穷尽。虽然明天是无穷无尽的，可是我们的青春和生命是有限的，时光如梭，一个又一个今天离我们远去，永不复返。同时，一个又一个的明天只会让我们渐渐长大，再到衰老、死去。

所谓"当下"，简单地说就是指现在正在做的事、所在的地方、周围一起工作和生活的人。所谓"活在当下"就是要把关注的焦点集中在这些人、事、物上面，懂得抓住真实的刹那，全心全意认真地去接纳、品尝、投入和体验这一切。

从前有个书生做梦都想高中，可是他遇到事情时却只会说："唉，今天做不完的事明天再做吧！"就这样日复一日，后来他变得十分懒惰，成天无所用心，因而他离高中的机会越来越远。这个书生就因为总是等待未知的明天，而不把握实实在在的今天，最终计划落空。

作为活在当下的我们，应以前车之鉴，不忘后事之师。应该做到今日事今日毕，绝不拖欠。

珍惜眼前的每一分钟，也就是珍惜所拥有的今天。道理看似简单，大多数人却无法真正做到专注于"现在"，引用某本书里的一段话：起初，想进大学想得要命；随后，巴不得赶快大学毕业好开始工作；接着，想结婚、想有小孩又想得要命；再来，又巴望小孩快点儿长大去上学，好让自己回去上班；之后，每天想退休想得要命；最后，真的到了生命快要终结的时候，忽然间才明白，自己一直忘了真正去活。这就是许多人一生的写照。他们劳碌了一生，时时刻刻为未来做准备，不愿意把时间浪费在"现在"，殊不知自己已经失去了每一天、每一个真实的刹那，失去了欣赏和领受快乐的能力。

因此，把握今天，就是要珍惜眼前的分分秒秒，最重要的是不要去看远方模糊的事，而是做手边清楚的事。把握今天，落实到我们日常的实际工作中，就是要敬业。敬业其实很简单，就是无论在什么情况下都要重视自己的工作，热爱自己的工作，明确自己的工作职责，认认真真完成属于自己的每天的任务，坚决不把今天的工作推到明天去做，像海尔的企业文化所说的一样，日清日毕，日积月累，就会有属于自己的一分精彩与幸福。

领悟越早，幸福越早

人生的哲理年轻时不明白，也不曾想要去明白；中年时想要明白，却经常想不明白；年老时都明白了，失去的东西却太多了。早一天领悟，就早一天少走点儿弯路，少受点儿挫折，在人生的道路上走得更加平稳、顺利，使我们可以加快步伐走向成功，早日拥有幸福。

幸福是指使人心情舒畅的境遇和生活，有称心如意的意思。世界上有千百种人，不同的人对幸福有不同的理解和体验。如我所知的幸福是一种人生历程中对美好片段的经历和感受，是一个个清晰和具体的印象。

幸福有两种，一种是享受过程，一种是享受结果。过程是一根线，结果是一个点。过程是绵长的，结果是短暂的。一根线的幸福，可以拥有无数点的幸福；一个点的幸福，只是一个点。对于幸福的感悟，是一种朝向内心深处心灵的领悟，让人最难以把握。但感悟幸福对于人生是非常重要的。人生一世最多不过一百年，我们都应该学会把握，并力求善于把握。只有这样，我们才会接受自己的平凡，才会接受自己的平庸，才不会不知所谓地怨天尤人。

1823 年，35 岁的大诗人拜伦已经开始失去生活的欲望了，他的生活变得无聊，死一般的无聊。于是，那年夏天，他跟着军队朝希腊进发，准备将生命献给战争。行军途中，他致信诗人歌德，倾诉自己的苦恼。

当时歌德已 75 岁高龄了。一个风华正茂的生命没有生活目标，没有情人，不想结婚，更不敢谈恋爱，将生活寄托于一场战争。而另一个风烛残年的生命却正准备向一个年轻的女人求婚，他的情欲像一个年轻小伙儿一样旺盛。

那时，歌德正在向一位 19 岁的姑娘求婚，他对这场巨大的年龄距离的爱情怀着万丈激情。拜伦闻讯后，在异国他乡更加忧伤，他说自己是年轻的老人，而歌德是年迈的年轻人。

一年后，拜伦在一场没有结果的战争中病死。临死前他对医生说："我对生活早就烦透了，我一点儿也不幸福。我来希腊，就是为了结束我所厌倦的生活，你们对我的挽救是徒劳的，请走开！"而那时，年迈的歌德还在那个美丽女子的怀里享受着生活，他的诗作一篇比一篇华丽而又激情澎湃。

拜伦和歌德的差距告诉我们：早领悟，才能早幸福。拜伦如果早早地领悟到世间最珍贵的是把握生命中的幸福，能够带着积极的心态来面对当下的生活，也许他就不会年纪轻轻就对生命丧失了欲望。拜伦不懂得如何幸福地生活，那生活也就不可能还他以幸福。最后，他只能在抑郁和抱怨中死去。而歌德是一个懂得抓住当下生活的人，他的现实生活和精神生活都是幸福的。

理解是幸福的基石。幸福是一种情感的回味与感动；幸福是人领悟的一种感觉，透彻地去理解会成就我们的幸福。因为理解与被理解是相通的，理解会给别人带去幸福，而被理解会让我们自己幸福。一个心存芥蒂的人，一个以自我为价值的人，一个只知道索取的人，怎么会有幸福可言呢？

歌德说："你所不理解的东西是你无法占有的。"我们在学会感悟幸福和记住幸福以后，就不会再埋怨生活是如此平淡如水，不会再觉得庸庸碌碌，不会再在曲终人散之后感到无尽的空虚和寂寞。因为，在我们的脑海里，不仅保存了曾经的幸福体验，还将保存更多未曾拥有但可以期待的幸福。

第三章　幸福就在容易忽略的细节里

我们不是缺少幸福，只是幸福感变得麻木

时间总是过得飞快，还没等我们反应过来，它都已经匆匆溜走了。而伴随着时间的流逝，许多人的幸福感也在慢慢地减弱，甚至消失。我们的物质生活越来越丰富，按理说，我们应该越来越幸福了，可实际情况并非如此，这是怎么回事？其实，不是我们不幸福，而是在高速发展的社会中，快速的步伐使得我们的幸福感变得越来越麻木。

幸福是什么，幸福就是令人感到高兴或欢乐的事情或境遇。有的人认为取得优异的成绩是一种幸福，有的人认为在寒冷中获得一声祝福是一种幸福，有的人认为靠自己努力赚到一分钱是一种幸福。其实，倾听别人和向别人诉说就是一种幸福，生活中的每一件事情都可以是幸福的。

作家朵拉有这样一句至理名言：每一个孩子都是一滴有自己声音的水。的确，虽然同样是人，但往往因为个人对周围事物感知的不同，我们每个人都有着不一样的幸福。对待生活，如果你用积极向上的眼光来看待，你就会发现身边的幸福。如果幸福是一个在安逸的环境中渐渐沉睡的孩子，那么现在你就悄悄地伏在他的耳边，轻轻地将他叫醒……幸福因人而异，而且各种各样。几千年前，执弓挥剑纵横沙场的将军认为胜利对他而言便是最大的幸福；儒家学者孟子认为"与民同乐"便是幸福；几百年前，在黑暗礼教中成长的哥白尼认为追寻真理便是一种幸福；著名数学家、物理学家安培认为忘我工作，取得成功便是一种幸福；沉迷于网络的"网虫"们以处于虚构的世界驰骋为幸福……对于幸福的诠释，不同的时代，不同的历史条件，甚至于不同的人都有着迥然不同的体会。

人自从一落地，便是一个生命个体，有自己必须经历的人生，有自己的理想抱负，更有着对幸福不同的诠释。

　　我们应该抓住属于自己的幸福，不要老羡慕别人的幸福。要知道，幸福是每个人都有的，只是有些人有抓住幸福的能力，而有些人只是停留在计较幸福的层面，最后自己的幸福反而渐渐走进了沉睡的坟墓。

　　幸福是什么？幸福绝不仅仅是一种自我的保全，它还涵盖了生活中的很多事情，大到国际大事，小到你把地上的垃圾捡起来扔进垃圾箱……我们常说"无私奉献的志愿精神"，这是把它放在了一个精神的高度，但是落实在生活中，它不过就是流露于指尖的点滴，这种不在乎收获的付出才是真的幸福。

　　其实，幸福并不惊天动地，而是流淌在生活中的太多的细枝末节。有一首歌这么唱："平平淡淡才是真……"这就是幸福，幸福就在于平淡的生活。但是，这种平淡对于一些人来讲不算什么，这能算幸福吗？但对于一些在特殊岗位上或那些流浪人抑或亡命之徒而言，那便是一种可望而不可即的幸福。而有些每天过着平淡生活的人，却渴望着另一种幸福，在他们的想象中，只有来得轰轰烈烈的才能称得上是幸福。

　　美国小说家马克·吐温说：幸福就像夕阳——人人都可能看见，但多数人的眼睛却望向别的地方，因而错过了机会。

　　其实一个人如果愿意时常保有寻觅幸福的心，那么在事物的变迁之中，不论是生机盎然或枯落沉寂都可以看见幸福，那幸福本不在事物，而在于心灵、感觉乃至眼睛，因而每一个人对幸福都有各自的诠释，只要你有一双发现幸福的眼睛。在物欲横流、人心浮躁的当今社会，很多时候，现实呈现给我们的是冷漠、自私和无情的一面。正是这样的现实遮住了幸福的眼睛，让人感觉不到一丝温暖。

　　我们明白这样的现实绝不仅是一种时尚，也绝不代表着荣光，幸福并不意味着享受，而是一种沉甸甸的责任，自身价值的实现往往会让我们感到幸福。在整个幸福感日渐麻木的时代，我们首先要做的不是去追求幸福，而是要唤醒所谓的幸福感。

　　幸福，人们苦苦追求，却又无暇沉思，殊不知，幸福应该属于每个人，幸福是平凡的，它就在我们身边。带着一颗懂得幸福的心去唤醒麻木的生活，幸福就会永远和你同在。

幸福不在远方，而就在柴米油盐的身边

幸福在哪里？幸福无处不在，幸福是两个陌生人心有灵犀时给对方的一个灿烂的微笑，让人感到温馨。

幸福在哪里？幸福无处不在，幸福是清晨睁开眼睛，看到阳光洒满了房间，用力嗅嗅阳光和早晨的味道；幸福是阳光明媚的上午，抱着本自己喜欢的书，坐在露天的阳台上，享受风吹过，文字划过；幸福是小雨淅沥的午后，静静走在雨中，望望在雨中舞蹈的小草，听听雨滴落在地面的声音；幸福是过年时，走在熟悉的路上听一首喜气洋洋的祝福歌；幸福是繁星漫天的夜晚，坐在田野旁边看星星眨眼，看萤火虫飞舞，看远处的霓虹灯闪烁。

幸福在哪里？幸福是什么？幸福是春天看见第一抹绿色映入眼帘，感受温暖微风吹过发帘；幸福是夏天看见骄阳四射百花盛开，坐在海边看潮起潮落；幸福是秋天看见漫天红叶飞舞，拉着长长的影子在夕阳里散步；幸福是冬天看见到处白雪覆盖，咯吱咯吱地奔跑在漫天银装素裹的世界。

幸福在哪里？幸福就在人与人之间，就在我们身边，只要你用心去找，你就会发现幸福的真谛，会发现幸福无处不在，只要你感悟，幸福一定会成为永恒！

有一个小男孩家里很穷，买不起好玩的玩具，穿不起漂亮的衣服，只能用羡慕的目光远远地望着拥有无数的玩具和漂亮衣服的同学。更可悲的是，他的父母整天在忙碌，没时间好好陪小男孩，这使他感受不到父母的爱。因此，他的性格变得自卑、内向，不愿意和同学朋友一起嬉戏玩耍。因为他的性格太孤僻，渐渐地，班里的同学都不和他玩。他十分难过，他不想学习了，每天都躲在角落里，忍受孤独寂寞带给他的痛苦……一天傍晚，小男孩趴在窗台上，目送太阳下山，看

着月亮缓缓升起，望着天边的星星渐渐变亮。突然，天气变得十分闷热，令人窒息。随后，天边一道闪电刺破寂静的夜，随即惊雷滚滚而来。接着，豆大的雨点儿从天上砸下来，溅在他的脸上。原来的星星和月亮都看不见了。小男孩哭了，并不是害怕这可怕的暴风雨，而是他觉得自己就像是天边暗淡的星星一样，没人关爱，没人珍惜。他擦擦眼泪，缓缓站起来，望着孤寂的家，想：我为什么要独自待在这个家里？爸爸妈妈不能陪我，朋友不和我玩儿，老师不喜欢我，也没有别的小孩都拥有的东西，难道我就得不到被人关爱，被人呵护的幸福吗？他拿了一把伞，就迈出了家门。

很晚很晚的时候，小男孩的爸爸妈妈回来了。虽然他们全身都被淋湿了，可还是很开心，因为今天单位发了补助费，他们买了一些鸡蛋，要为小男孩做他最爱吃的鸡蛋羹。可是，他们找不到小男孩了，十分慌张。他们像发疯一样地找啊找，可没有找到。他们又找了好长时间，终于在一个角落里发现了冷得瑟瑟发抖的儿子。他们马上把小男孩送到了医院。

小男孩艰难地睁开了双眼，发现爸爸妈妈哭红了眼睛。小男孩对妈妈说："妈妈，我好饿啊！"爸爸赶紧说："对，饿了饿了，赶紧做鸡蛋羹！"妈妈马上奔向了厨房。小男孩实在是太累了，就睡了过去。

等他醒来时，妈妈正端着一碗冒着热气，散发着诱人香味的鸡蛋羹，守在他的床边，拿着汤勺小心地搅拌，用嘴吹着气……小男孩把脸扭向一边，不想让妈妈看见充满泪水的眼睛……妈妈亲切地说："儿子，赶紧趁热吃鸡蛋羹！"小男孩看着妈妈的眼睛，问："妈妈，你爱我，对吧？"妈妈笑了一下，对小男孩说："傻孩子，妈妈最爱你了！"说着，吻了一下小男孩的额头。小男孩突然放声大哭，妈妈害怕地说："怎么了，是不是哪里不舒服？"小男孩抽泣地说："我真傻，竟不知幸福就在我身边，还去找什么幸福，有了爸爸妈妈，我就很幸福了！"从那以后，小男孩就像变了一个人，不再自卑，不再内向，而是迸发出无尽的活力，努力学习，终于打拼出一片天地！他经常对不知道幸福的人说："其实幸福就在你身边，不用你去把它寻找，你只要好好感受幸福，好好珍惜幸福，然后，为了给你幸福的人幸福，你就为了这份幸福去努力。所以，你不仅会感到幸福带给你的快乐，还会收获更多的幸福！"

小时候总以为多吃炒鸡蛋就是幸福，心里想着长大了一定要一次多买些鸡蛋吃，想怎么吃鸡蛋就怎么吃，多幸福啊！后来慢慢地长大了，又以为一定要考上大学，大学的生活一定是最幸福的，结果这个愿望也实现了，几年枯燥的大学生活远没有自己认为的那样幸福。再后来找到了工作，有了一份还可以的收入以后，就梦想着过有车有房的生活是最大的幸福，现在房子、车子都有了，还是没找到幸福的感觉。于是，有些累了、倦了。

也许在钢筋混凝土的世界里很难找到足够的幸福，但从每个人内心传出的最简单的、最纯真的快乐也许就是最幸福的了。不要为一失一得而悲伤，不要为物质金钱而感触，不要为人与人的憎恨而动容，开心就是幸福最好的一剂良方。

左拉说：每一个人可能的最大幸福是在全体人所实现的最大幸福之中。

幸福在哪里？幸福无处不在，瞧！公园里一家人在野餐，说说笑笑。牙牙学语的小男孩在放风筝，一家人非常幸福地坐在一起，让人看起来很舒心、很和睦。

幸福在哪里？幸福无处不在，瞧！小区里，有小朋友在打羽毛球，嘻嘻笑笑，一副高兴的样子。

幸福在哪里？幸福无处不在，早晨，望一眼天空，天空格外绚丽，云彩格外白亮，早晨的阳光无限美好。

幸福在哪里？幸福无处不在，是噩梦后醒来，发现自己依然健健康康地躺在床上，可以聆听清晨的鸟鸣，可以欣赏天边的云彩，感到一切触手可及。

幸福在哪里？幸福无处不在，是边听音乐又边喝一杯温热的咖啡时欣赏一下林间小道旁高大的树木，感到一切东西美丽无限。花儿开放，草儿翠绿，树木高大而温厚。

就如一句广告语所言：一天24小时，你有多少时间留给自己？停下来，感受美丽。让我们停下匆匆忙忙的脚步，感受一下萦绕在身边的幸福的气息。幸福其实很简单，很平凡，只要我们用心去感知，去触摸，就能看到幸福的环绕。

奋斗路上小憩一下，让紧绷的身体等一等心灵

每个人都以一种近乎自我的方式来感知着身边的幸福，有的人总是沉浸在无尽的奔波忙碌之中无法自拔，而另一些人，可能总是过着喝茶、喝酒、听听琴音的悠闲生活。当这两种人相遇时，忙碌的人不禁鄙夷悠闲的人，觉得这些事儿有用吗？表面上看似乎真的没用，但是它仍然是生活的一部分。车尔尼雪夫斯基说过，生活只有在平淡无味的人看来才是空虚而平淡无味的。

如果单为解渴，茶不是最好的选择。因为对于口渴的人来说，他没有时间更没有心情来等待，三大杯白开水下肚，马上又去忙别的。喝茶往往喝的不是水，而是滋味，是心平气和品尝人生的滋味。

同样如此，对于喝酒来说，最讨厌的是应酬的酒，这样的酒，往往醉了都不知酒的滋味。端着为感情为态度为利益而要大口闷下去的好酒，别人都替那酒可惜，好酒被当成了钥匙。而真正好的酒让人喜欢，那往往是闲来无事或毫无目的之时，亲朋好友间的小酌，没有名头大小排座次，没有利益在酒中，杯中物才润泽了人生。

从现实的角度看，工作常常是必须坚持的苦役。如若没有强迫自己闲下来的时光，没有同样看似无用的喝酒喝茶甚至发呆的时光，苦役早已不堪重负。但恰恰是这些无用的事平衡了生活中必有的苦，甚至有时觉得这些事才是人生中最有用的事。人生是条单行线，如若只为目的而忘了过程，那总是会留有遗憾的。到了该多做些无用的事，为无用的事

正名，也为人生正名的时候了。

茶、酒又或者其他，也都只是手段，让心静下来，让生命分一些时间给看似无用的事，这才是目标。心不静，幸福来不了；人没有更多与内心对话的机会，生命鲜活不起来。总要有个机会和忙乱告别，把更好的人生拿起来。

让生活慢下来，再慢下来。慢下来干吗？就是让你的灵魂歇歇，让你的精神不要被你功利的双腿拖着跑，让心灵看看路边的风景，丰富内心的世界，增益生命的体悟，让人不成为经济动物、名利动物。人类目前还无法延长生命的长度，但是有办法、有途径增加生命的厚度与宽度。

一个探险家，到南美的丛林中，找寻古印加帝国文明的遗迹。他雇用了当地土著人作为向导及挑夫，一行人浩浩荡荡地朝着丛林深处走去。那群土著的脚力过人，尽管他们背负笨重的行李，仍是健步如飞。在整个队伍的行进过程中，总是探险家先喊着需要休息，让所有土著人停下来等候他。探险家虽然体力跟不上，但希望能够早一点儿到达目的地，一偿平生的夙愿，好好地来研究古印加帝国文明的奥秘。

到了第四天，探险家一早醒来，便立即催促着打点行李，准备上路。不料领导土著人的翻译人员却拒绝行动，令探险家为之恼怒不已。经过详细的沟通，探险家终于了解，这群土著人自古以来便流传着一项神秘的习俗，在赶路时，皆会竭尽所能地拼命向前冲，但每走上三天，便需要休息一天。探险家对于这项习俗好奇不已，询问向导，为什么在他们的部族中，会留下这么耐人寻味的休息方式。向导很庄严地回答说："那是为了能够让我们的灵魂，追得上我们赶了三天路的疲惫身体。"

不管你有多忙，我们都应该让自己得空休息，这种休息看似无用，但其实是智者告诉我们追求幸福的方法与途径之一。停下我们匆匆忙忙的脚步，给我们忙碌的灵魂放个假，用心地去感受生活，感受快乐，感知幸福。

人与其他动物的区别，说白了就只有一点：人是有思想、有精神活动的高等动物，而其他动物则不是。品茗，尝酒，观鱼，欣赏字画，倾听音乐，这些在实用主义、功利主义者的眼中都被认为无用，这实际上是把人降为其他动物，其他动物是不用修身养性、陶冶情操，提高审美能力、培养审美趣味的，也不会去赏月，观日出，看大海，侍弄花草。只有人类，人格健全的人类，才会全面理解和珍视生命。

在创造物质世界的同时，一定要建设精神家园，让"无用"走入我们的生活，甚至成为生活的一部分。

我们应当细细品味生命的每一寸光阴，生活的每一个细节，甚至万籁之中一个小小的音符，完善对生命真谛的了解与追求，才不枉一生一世。把"无用"与"有用"组合，就像绿叶与红花相衬，才能让幸福之花开得分外灿烂。所以，请你放慢脚步，让你的心灵追上疲惫的身体。

习以为常使我们放过了触手可及的幸福

"你幸福吗？"这是一个简单而又复杂的问题。仔细想一下，在我们每个人的生活中，即使没有大欢喜，也都不缺乏一些幸福的细节。

作家史铁生曾写道："生病的经验是一步步懂得满足，发烧了，才知道不发烧的日子多么清爽。咳嗽了，才体会不咳嗽的嗓子多么安详。刚坐上轮椅时，我老想，不能直立行走岂不把人的特点搞丢了？便觉得天昏地暗……后来又患尿毒症，经常昏昏然不能思想，就更加怀念往日时光。终于醒悟：其实每时每刻我们都是幸运的，任何灾难面前都可能再加上一个'更'字。"美国知名心理学家威廉·格拉瑟博士指出，当人因急欲控制他人，而出现诸如责备、贿赂、抱怨、批评、处罚或威胁等行为时，不仅对解决事情毫无帮助，反而易使他人产生抗拒或争论等负面效应；更可能引发对方使用哄骗、忽视、逃避等方式，或想尽方法来迫使你妥协与屈服。

除非自身先认识到这些坏习惯的不良影响，并学习不控制他人的行为，否则只会使自己的人际关系恶化并使周遭的人感到痛苦。

幸福的关键在自己。格拉瑟主张选择理论学，他说："当人不快乐时，唯一能改变的只有自己。越是依靠自身的转变，就越能看到周遭事物的变化。"在格拉瑟治疗中心接受心理治疗的39岁男子萨姆·布朗回忆起他失败的婚姻时，认为最应负起责任的是他自己。他回忆道："那是一个困难的时期。直到我的婚姻关系结束，我和我的伴侣心都碎了之后，我才开始意识到我也许能有其他更好的选择。"随着这样的体认，萨姆开始尝试转变他的处事方式，学习不以强制的手法对待他人。他说："我重新审视过去的我，选择我最好的部分，并成为一个真正的我。而那最好的部分就是爱和支持。从前，我花许多时间去试图改变我的前妻。"他微笑道："而现在，我改变的是我自己。"若我们都能以关怀、倾听、支持、协助、鼓励、信任与亲近等七大正向行为取代负向思考，理智地处理矛盾与冲突，必能更有效地使危机出现转机。

格拉瑟指出，绝大多数的情绪障碍皆可归咎于七种不良习惯，分别为处罚、抱怨、责备、威胁、怨天尤人、批评及贿赂，而我们却常背负这七种负面情绪而浑然不觉。

你的妹妹花费一小时为晚餐做沙拉，而你却只批评她选择的食材不健康。你说你只是希望她能长寿而强壮，但你真的客观吗？还是你正试着控制她？

你的丈夫难得在他刮胡子后清洗浴室洗涤槽。但你仍每天抱怨，"这个洗涤槽真是一团乱！"并且责备，"我从未准时上班，都是因为我必须清洗它！"你是否正尝试强迫他清理这个洗涤槽？

你的子女很少清理他们的房间。因此你便不断地唠叨着"你整理床了吗？""你收拾衣服了吗？""你把毛巾放进盖盒了吗？"……这些看似不经意的反应与言语，都会使负向思考一点一滴地显露出来，并影响生活周遭的人、事、物。当你强制性地告诉每个人做事的方式时，其实都透露着你试图控制他人的生活，如此便很难与他人建立良好关系。

幸福是相当琐碎的事，粉末一般撒在所有日常事务之中。当一个人眼光过于远大，那么他也就看不见这些漫天飞舞的尘埃，也会被远处的风景蒙蔽了触手可及的幸福。我们每个人的内心都需要一个温暖幸福的城堡，而这个城堡就是由生活中每一颗细小的幸福微粒所盖成的。如果每天我们如此数着自己身边幸福的细节，那么，幸福指数就会直线上升。

许多时候，我们常常对幸福怀着诗意和缥缈的遐想，以为幸福离我们很遥远。其实，只要我们不吝感受，幸福极易得到，就像云卷云舒，花开花落，幸福也是我们生命的常态。所以，要常常提醒自己注意幸福，感受幸福，让幸福成为一种习惯。

格拉瑟表示："遗憾的是，这些坏习惯却往往是从老师、父母、祖父母和其他同伴那儿耳濡目染中养成的。长久处于这种强制性的命令言语后，我们便会不自觉地开始如法炮制。刚开始或许能够收到一些短期、达到目的的成效，但长久处于这种互动模式后，不仅会消减人与人之间的信任与热情，更容易使双方陷入一种痛苦的关系。"当我们落入一种"对与错""该与不该"的单向思维去面对问题时，便很容易陷入无法控制的自我情绪中，也往往更容易有极端的情绪反应出现。不知不觉中，这些思考模式便深深地影响并掌控着我们的情绪。

格拉瑟认为，若我们都能以关怀、倾听、支持、协助、鼓励、信任与亲近等七大正向行为取代负向思考，理智地处理问题，必能更有效地化解危机，迎来新的机遇。

此外，我们还应看到爱与包容的力量。一位医师表示："情绪管理，应从理解与关心开始。当我们从自身的经验中去理解事件时，往往来自难以控制的非理性。相同的事件会因为不同的人、事、物发展出不同的故事情节。所以要找到理性而统一的应对模式，具有一定的难度。因此最好的方式是透过支持与理解，以正向情绪为基石，才能一同渡过难关。"多么简单的道理，不需要太多的寻寻觅觅，只需我们给自己的幸福画一条最浅的底线，会发现快乐越数越多，幸福越写越多，也感到一天比一天富足充实。

心理学家研究发现，那些运气好的人，其实跟他们本身的个性有关。幸运者比不幸运者外向许多，幸运者有轻松的生活态度，幸运的人持开放态度。只要懂得其中诀窍，你我都能创造自己的幸运，得到属于自己的幸福。

许多人一生在茫茫红尘中奔走，陷在名与利的泥潭里不能自拔，蓦然回首，才发现真正的幸福恰恰就在出发的原点，而当初他们却坚信它在更远的地方。

美国心理作家瑞贝卡·韦伯认为，能识别并抓住机遇的人与众不同。他们以开放的心态面对生活中的岔道口，所以能看到被别人错过的机会。他们更加快乐，更容易达成心愿。

幸运不是与生俱来的。创造幸福和好运是一种技能，是一种可以掌控的生活态度。

朋友，从今天起，我们应该宽容起来。我们每个人完全可以拥有快乐的阳光，拥有幸福的人生。

别为"一棵树"而浪费生命

一个边远的山区里，有两户人家的空地上长着一棵枝繁叶茂的银杏树。秋天的时候，银杏果成熟了就会落在地上。孩子们捡回一些，却都不敢吃，因为人们都认为银杏果有毒。这棵树不知道是属于两户人家中的哪户，这样的日子过了许多年。

有一年，其中一户人家的主人去了一趟城里，才知道银杏果可以卖钱。于是，他摘了一袋背到城里，换回一大沓花花绿绿的钞票。银杏果可以换钱的消息不胫而走。于是，另一户人家的主人上门要求两家均分那些钱。但是，他的要求被拒绝了。情急之下，他找出土地证，结果发现这棵银杏树划在他家的界线内。于是，他再次要求对方交出银杏果的钱，因为这棵银杏树是他家的。对方当然不会认输，也开始寻找证据，结果从一位老人处得知，这棵银杏树是他曾祖父当年种下的。

两家争执不下，谁也不肯让步，于是反目成仇。乡里也不能判定这棵树究竟应该属于谁，一个有土地证，白纸黑字，合理合法；一个有证人证言，前人栽树后人乘凉，理所当然。于是，两人起诉到法院。法院也为难，建议庭外调解。两人都不同意，他们认为这棵银杏树本应属于自己，凭什么要和别人共享呢？案子便拖了下来。他们年年为这棵银杏树吵架，甚至大打出手。

这事就这样延续了 10 年。10 年后，一条公路穿村而过，两户人家拆迁，银杏树也被砍倒了，这场历时 10 年的纠纷才画上了句号。奇怪的是，当时两户人家谁也不要那棵树，因为树干是空的，只能当柴烧。

　　为了一棵树，他们竟然斗了 10 年！3000 多个本来可以快快乐乐的日子，难道不比一棵树重要？用来争执的时间精力，去种一片银杏林都可以了。仔细想想真的很可怕：有时候，一个人为了得到某种东西，往往会失去比这种东西重要得多的东西。那么，你呢？你是否也在为了一些不重要的东西而浪费宝贵的时间？

　　每个人都会努力追求一些自己以为很重要的东西，并为之付出了艰辛的努力，放弃了快乐、健康、爱情、友情。而等到真正得到它的时候，却发现它已经不是那么重要了。就好比爬山，当你爬到一个高度的时候，发现原来自己是如此渺小，但你觉得或许高处还有更好的风景，然后你继续挣扎，再爬，再挣扎，如此反复，到自己爬不动了为止。然后忽然回头，却发现山下的人过着很快乐的生活，山顶则一片荒凉和单调，高处不胜寒，想再回去，已经不可能了。

　　人之所以有痛苦，就是因为你追求错误的或者对你而言不重要的东西。如果我们只是忙忙碌碌地追求而无视身边的美好，那么幸福也会远离我们。所以不妨静下来想想，什么才是你人生中真正重要的东西。

第四篇

方法对了，

人人都可以获得幸福感

第一章　不做生活上的完美主义者

生活不是非黑即白，而是很复杂的存在

在和朋友闲聊时，我们经常会听到这样的一些话："我工作压力很大。""养个孩子真难。""应酬太多！"……相信每一个人都会因这样一些事情所困扰，也会经常感慨现实的压力。事实上，现实的存在我们是无法改变的，但如果我们用良好的心态去看待一切现实事物，生活就会变得开心很多。试想老板给我压力，业绩好了，我的收入自然也会增加，那么压力其实就是动力。养孩子确实不易，但孩子是如此可爱，他给我们带来更多的是快乐和幸福，想到这些心中有的只有甜蜜。工作中应酬难免，那就别觉得这是一种额外工作，像与朋友聚会一样，能交到新的朋友实在是一件幸事，何况还能帮助你的事业成功。

苹果成熟会自然从树上落下，这是一种自然现象，也是一个现实事件，然而这种自然现象的背后还有很多复杂的原因，否则牛顿怎么能发现万有引力定律呢？就是说无论是一个事物个体的现实存在，还是一件事情的现实发生，都不能简简单单地从表象或是表面上去妄下判断，因为现实的存在是一个很复杂的存在。

现实因为原本的存在，所以我们更应该学会去接受这种现实的存在，不必过于在意事物存在的原因，更多的是要学会在现实生活中创造自己的幸福。正如法国著名剧作家尚福尔所言"快乐可依靠幻想，幸福却要依靠实际"，我们的幸福是要在现实中去创造的，不要因为某些现实的

阻力和矛盾而轻易放弃或改变对幸福的追求。

　　有一对好友，他们从小就一起长大，长大后又在同一个庄园里种植葡萄。他们一个人负责种植，一个人负责销售。

　　一日，种植者的家人来庄园看望他，看到他正在葡萄园里风吹日晒，大汗淋漓，很辛苦地在园间工作着。

　　于是问他："你的朋友怎么不来帮你，他怎么能让你一个人在这里干活儿，他却在屋里休息呢？这么大的葡萄园都是你种的，卖得的收入你应该比他多分些！"他回答道："你只是看到了我的辛苦，并没有看到我朋友的辛苦。"然后对他的家人微微一笑。

　　几天后，销售者的家人来到了庄园，在房间里看到他不停地计算着订单、记录着葡萄园的信息，还不停地打着电话，连和他们说话的时间都没有，觉得他很辛苦。

　　销售者的家人说："你的工作最重要了，否则那些葡萄都得烂在庄园里，你应该多得些收入。"销售者指着窗外说："你们看看我的朋友，他每天都在外面风吹日晒，而我只不过是写写画画和别人说两句话而已。"不久葡萄丰收了，并且卖了个好价钱。两个好友把家人请到庄园来庆祝，席间二人和家人说，如果这个葡萄园只有一个只懂种植的人来打理，没人去销售，那就算葡萄种得再好最后也只能是烂掉，如果只有一个很会营销的人在销售，接再多的订单最后没葡萄交货也是不行的。你们当初来庄园时只是看到了漂亮的葡萄庄园，而并没看到它存在的背后是我们两个人的合作。听后两个人的家人都频频点头。

　　故事中葡萄最后丰收了，是现实存在的。最后葡萄能丰收并且卖得一个好价钱，并不仅仅是因为葡萄庄园的存在所能实现的。庄园只是提供了一片土地，两位好友的真诚合作才是实现丰收的原因，而这其中他们又分别要对葡萄做到育苗、养护、联系订单、销售谈判等诸多细节，缺一不可。通过一个故事说明了，一个事物、事件的存在并不是单一条件能实现的，就是说现实本身就是一个很复杂的存在。我们应该在分析清楚事情真正缘由后再去做出评价和判断。

对一个事物、一件事的现实存在，我们可以从观察、经验、数据等方面进行分析，最后给出正确的判断和解释。但现实是一个复杂的存在，是客观的存在，是已经发生的事或已经存在的事物，我们是无法改变的，既然我们无法改变，那么我们也无须把太多精力放在这种客观现实的存在上。把心态放平和些，去接受现实，去享受现实，我们的生活就会变得开心很多，做事情也是如此。

庄周梦蝶的故事想必大家都很熟悉。当年庄周做了一个梦，梦到自己变成了一只蝴蝶，在梦里自由自在地飞舞着，没有烦恼，很惬意很开心。突然庄周从梦中醒来，恍惚间自己不能分辨自己是刚刚梦到变成了蝴蝶，还是自己本就是只蝴蝶，现在是在做梦，梦到自己从蝴蝶变成了人。分不清是庄周梦中变成了蝴蝶，还是蝴蝶在梦中变成了庄周。

这个故事是说人生变化无常，那我们又何必太过深究缘由。现实的存在，我们不必探究它是如何的，只要我们用良好的心态去面对就可以了。

现代社会中，人们经常把"现实"二字用在一些表达困难困惑的语句中，说一个人只看重金钱等物质事物时，会说这个人很"现实"。说自己在做事不顺利时，也会把"现实"二字加在里边，比如"现实"情况是这件事情很难推进，等等。不知什么时候"现实"二字被我们拿来当成了一个贬义词来用，或许这更多的是我们的心态造成的吧！

确实，现在的人们，尤其是居住在大城市的年轻人，工作节奏比较快，生活压力会有些大，有这种"现实"心态也是正常的。之前我们所说现实是一个复杂的存在，而现实又是客观存在的，更多时候是需要我们用正确的良好的心态去面对现实。

生意失败了我们不能改变，但我们可以分析原因从头再来。有了疾病我们不能改变，但我们可以积极配合治疗早日康复。单位下岗了我们不能改变，但我们可以学得一技之长自己创业。任何事物或事件的现实存在，都是有坏的一面也有好的一面，如果我们更多地看到好的那一面，相信困难在我们面前会变得渺小许多，何况"现实"在大多时候还以快乐的方式存在着！

"现实"两个字代表了我们生活中无数的事情，它几乎可以讲述我们的一生。可能是喜、可能是悲、可能是忧愁、可能是欢乐，无论遇到任何事，心向前看，用良好的心态去接受已经发生、存在的现实，我们的明天的现实就会是一篇美好的人生篇章。

很多事情不必追本溯源，难得糊涂也是种大智慧

在小的时候，家长就教育我们要讲实话，不能说谎，做个诚实的孩子。长大后我们会发现，在这个世界上有一种谎言是被大家所允许和称赞的，这种谎言被我们称为"善意的谎言"。上学的时候老师教育我们，学习要努力，做人要认真，这样才能成为有用的人才，但在世界上有的时候做事也不可太过认真，因为在某些时候太苛求事物或事情的真相未必是件好事。

科学家努力地研究物质的真相，是因为只有了解了物质的本相，科研才可能会有成果；医生努力地研究患病的真相，是因为只有了解造成疾病的原因，疾病才有可能被治愈……但在面对某些事情时，有些真相是不必了解的，因为某些真相了解得越多，内心就会越烦乱，或许最后只会让自己的内心更加烦乱。学会去接受别人善意的谎言，我们的生活自然会变得轻松很多。

人总是会遇到一些不太顺心的事，谁都会在自己的生活道路上遇到一些大大小小的困难。而当你遇到困难时，在你不顺心时，父母、亲人、朋友……总会有一些人出现在你的身边，他们帮你走出困境，帮你重拾信心，帮你共担压力，有时也会对你说一些善意的谎言，隐瞒一些事实真相，而他们之所以这么做，只是不想增加你的内心负担。

就像莫泊桑说的那样，"生活永远不像我们想象得那样好，但也不会像我们想象得那样糟。"现实生活就是这样的，有好的就会有坏的，而面对一些事情确实是不必太过追究他的真相。如果太过追究真相，或许你就会失去全部。

知名演员郭晓冬当年家境贫寒，在上初二时他选择了辍学，因为他要出去打工，他需尽早赚钱以减轻父母的生活压力。后来他和哥哥一起来到了北京，成为北漂大军的一员。一次偶然的机会，郭晓冬知道了北京电影学院的招生信息，没想到只是抱着试试心态的他，却很顺利地通过了专业课考试。

能考上电影学院那是很多人一身的梦想，但郭晓冬一点儿都高兴不起来，因为考上电影学院意味着要交1万多元的学费，而他们一家一共才凑到4000多元。后来他得知没有学生档案不能被录取的消息后，反而松了一口气，对老师说还是算了吧！

老师对他的回复很是困惑，后来老师了解到是因为他初中辍学，没上过高中，所以没有档案，但如果学校补办证明，还是可以调档的，于是老师偷偷帮他办好了一切，然后通知他可以来上学了。档案的事儿老师从未向他提及过。

郭晓冬入学后，在老师的授意下同学们经常将自己的饭菜分给他吃，理由是自己的饭太多，请他帮忙解决一下以免浪费。更有一次，一个广告商请班里几位女生拍广告，每人可以得到2000元的酬劳。在事先征求老师同意时，老师说拍广告可以，但必须带上郭晓冬。虽然这条广告没有男性角色的设计，但广告商最终还是接受了老师的请求，在广告拍完后郭晓冬也收到了 2000 元的报酬。但他并不知道最后的广告成品中并没有他的镜头，因为这个广告本来就只需要那几位女生的表演。这件事郭晓冬一直都不知道，直到一次电视节目中他才得知。

郭晓冬的老师为什么会对他隐瞒事实的真相？缘由不必多言。如果当初没有老师对事实真相的隐瞒，没有老师和同学们的默默帮助，没有这次善意的欺骗，郭晓冬就很有可能不会成为一名优秀的演员。如果郭晓冬在大家帮助他的时候就知道了真相，那他的内心必定会增加更多的负担，也会感到更大的压力，或许他就会离开这个自己梦想的舞台。即便是他接受了这个真相，那内心的亏欠感也必定影响到他的学业，那他就可能不会成为一个优秀的演员，他的演艺事业就可能会被扼杀在襁褓之中。

有时候不了解真相，生活才会更开心。在敌众我寡的战场上，有时候不了解真相，你就会勇猛地前进；在爱情失意时，有时候不了解真相，你就不会太过愧疚。人生世事难料，既然不能预知未来，那过去的事情也应该学会放手。

一个探险者独自出航，突然遇到海风大作，后来被吹到了一个小岛上。探险者苏醒后发现自己的船早已经不见了踪影，自己身上的衣服也已被刮烂。后来他发现这小岛上居然有人居住，虽然只有两个人，但能在一个不知名的荒岛上看到人就足以让他兴奋了。

探险者和两个岛民聊天后才知道，这两个人也是因货船事故被困在这个荒岛上的，被困了多久，连他们自己也不记得了。

晚餐时，探险者问二人："你们的食物是从哪里找到的？为什么我找了一天都没找到？"一人回答说："后山有个山洞，里面有棵果树，那白果是我从那里摘来的。"探险者听后不解，因为白天他在岛上绕了两圈，并没有发现什么山洞。

几天后，幸运的事情发生了，有一条货轮途经小岛，探险者用狼烟发出了求救信号，三人终于可以回家了。

获救后探险者问那个人为什么自己没有发现岛上有个山洞，那人回答说："这岛上并没有什么山洞，也没有什么白果。"探险者又问："那你的白果是从哪儿弄来的呢？"那人说："其实那是一种鱼，因为我的同伴是个素食者，从不吃荤。而这个岛上唯一能找到的就只有鱼虾，后来我发现这种鱼的肉质和味道都很像水果，于是我就用这种鱼做成水果的样子，骗他说这是一种白果。"

不管是白果也好，是鱼肉也好，再或是别的什么，它们都是一种食物，都是能让人在荒岛上生存下来的根本。那个人为什么要隐瞒真相？他为什么不告诉自己的同伴在这岛上没有素食？其中缘由相信大家都会明白。他的同伴是真的不知道这白果的真正由来吗？就连刚刚来到荒岛的探险者都发现岛上没有这种食物，那他的同伴又怎么会不知道呢？他的同伴为什么不去问他食物的来源？为什么不执着于事情的真相呢？因为不知道真相，这食物就是白果，它可以让自己活着；因为不知道真相，就不会揭露真相，同伴的辛苦就不会变成欺骗。

我们一生中的所遇所求会有很多，喜怒哀乐也常常并存发生，所谓难得糊涂，有些时候在糊涂中让事情合理地发生，未尝不是一件好事。逆境中事情因得到朋友的帮助而变得峰回路转，其中也许有些真相朋友并未对你谈及，你不必执着于真相，因为有些时候朋友只是想给你默默的支持和帮助，你只要心系感激就可以了。顺境中事情突然变得阻碍重重，这中间也许有其他不为己知的事情发生，你也不用执着于真相，因为有时候知道了真相也许你就没有了做事的动力，倒不如拿出精力来寻找解决困难的方法。

人生在世，世事无常，努力实现明天的理想远比弄清过去的真相更加重要。往往真相不是我们生活的唯一依据，很多时候，生活中有很多"善意的谎言"，因为这些谎言的存在，可能大家都会生活得很幸福。一件华丽的衣服，如果有太多污秽沾染上去，它可能就会失去光泽，慢慢就会被主人抛弃。生活中，我们不要什么事情都追求完美，不是所有事情都要寻根究底，往往了解越多内心越烦乱，我们每个人都该懂得这个道理。

敢于面对失败，完美主义不要用在人生路上

我们总说人生短暂，确实如此。但在这有限的一生中，我们要经历的事情却不少，而无论是什么时候做什么事我们的目标都有一个，就是成功。在书本上，成功只是两个普通的汉字，写下这个字只需要几秒钟的时间，念出这两个字所需要的时间则更短。但看上去如此简单的两个字，如想在现实生活中实现却并不简单。

人生成功学如何定论？不同的人有不同的成功道路，也有着不同的成功哲学。但在通往成功的道路上都有一些基本的成功信条，其中摆脱完美主义和学会失败尤为重要。

完美主义是一切成功目标的阻碍，如果一个人是一个不切实际的完美主义者，那成功基本上就谈不上了，因为在现实世界中是无论如何都无法实现他所幻想的完美的。

"失败乃成功之母"这句话是我们最熟悉的励志语句之一，也有无数的例子证明了这句话的道理。在人的一生中学会了接受失败，是一件难能可贵的事情，而学会接受失败，才能在失败中找到成功的方法。

有一个故事，说一众人出行，路上，一个人因为路不平而摔倒，他爬起来后又摔倒，一连几次后他就不起来了，有人问他为什么不爬起来继续走，他说既然爬起来还会摔倒，那不如就一直趴着好了。趴着当然是不会再摔倒了，但是他也永远不会到达终点了。失败了，只有爬起来

继续前进，才有可能成功到达终点。

肯德基是我们熟悉的全球快餐连锁店，现在的品牌影响力非常强大，在中国，肯德基的知名度可谓家喻户晓。而当年肯德基的创业道路却十分艰难。

肯德基的创始人是哈兰·山德士先生，他曾经是一名上校军官。山德士先生退伍后，身无分文，自己的生活全部要靠政府发放的补贴金来维持，后来他想到了自己创业，那从事什么事业呢？

山德士有一个炸鸡的特别配方，用这个配方炸出的鸡翅，味道香浓、酥脆可口。于是他想到了开一个炸鸡店。山德士拿着配方，怀揣着梦想，开始向一家家食品公司推荐他的炸鸡秘方，但当每一家食品公司见到这位衣衫褴褛的先生时，给出的回答都是拒绝。

一次次的失败并没有让他放弃，因为他知道自己这个配方的真正价值，他相信自己的炸鸡一定会得到大家的喜爱。终于，在他第1001次推荐时，他的秘方得到了一家食品公司的认可，答应了与他合作。于是山德士创办了后来家喻户晓的肯德基连锁快餐店。

果然，山德士的炸鸡受到了大家的喜爱，在之后短短一年半里，他的连锁店发展迅猛，很快就开到了300家。现在肯德基已经成为世界上最具知名度的餐饮连锁品牌。

为什么山德士经过了那么多的失败还没有放弃，因为他坚信失败是成功之母。而且山德士绝不是一个完美主义者，因为一个完美主义者是不会接受别人对自己说不的，如果他是一个完美主义者他根本就不会去经历那么多次的失败。

任何成功者，首先是一个追求完美的非完美主义者。这句话看上去有些矛盾，但其实并非如此，这里所说的追求完美是指客观存在、可以实现的一种相对完美，而完美主义者所认为的完美通常就是他自己主观意识中所产生的、一种幻想式完美。所以我们说，只有非完美主义者才能真正追求到事物的完美。另外凡成功者，无一例外地都会经历很多的失败，而每一次的失败都能使得他向成功迈进一步。

但凡成功者，都会首先扔掉这种完美主义思想，因为他们深知，只有这样才能拥有发现成功之道的方法。并且在遇到困难和失败时，才会有勇气继续站立。就像蜘蛛织网，即便是风吹断了它的丝，或是雨水淋破了它的大网，它都不会停下织网的脚步，直到最后整张网的完成。因为对它而言，如果网破了就停止了织网，那网上的破洞就只会越破越大，网就永远都不能织完，而且终有一日整张网将不复存在。没了网就没了食物，那它就会失去生命。

人当然不会因为没有了一张网就会失去生命，但其中道理是相通的。在前进的道路中不小心摔倒了，就应该站起来接着走，再摔倒就再站起来。当然，只是有摔倒了爬起来的勇气是不行的，还要在摔倒后想到爬起来后用什么样的方法前进才不会再摔倒，这样才能走向最后的成功。

爱迪生是世界上最著名的发明家，他一生所拥有的专利就有1093项。在我们如今的生活中，有很多东西都是他发明的，像电灯、留声机、电影等。为什么他能发明这么多？为什么拥有这么多的专利？为什么他能如此成功？因为他是一个敢于接受失败，而且能从失败中获得成功方法的人。在爱迪生成功发明蓄电池时，有人提醒他说："你知道吗？为了这项发明，你失败了25000次。"而爱迪生则对他说："不，我并没有失败，我发现了24999次蓄电池不管用的原因。"

爱迪生单一项蓄电池的发明就经历这么多次的失败，那他1093项的发明又经历过多少次的失败呢？他除了懂得失败是成功之母这个道理之外，还能用一颗平和的心去接受每一次的失败，正如他所说每一次失败都能让他知道一个不成功的原因，那下一次就一定会减少一个失败的原因。

诺贝尔反复试验，多次失败后发明了新型炸药；史泰龙在经过1849次拒绝后，终于得到了制片方的认可；威灵顿在战役失败后，重整旗鼓终于打败了拿破仑。无数成功者的经历反复验证着失败是成功之母的道理。学会接受失败，放下完美主义的包袱，我们就拥有了走向成功的基本条件。

亚里士多德有句名言"谬误有多种多样，而正确却只有一种，这就是为什么失败容易成功难，脱靶容易中靶难的缘故。"所以学会去接受失败，才有可能去赢得成功。

让完美主义的念头靠边，就能轻松地接受现实中不完美的结果，就会有勇气去就接受失败。有了这种勇气，失败就不再那么可怕，就能学会接受失败。忘记完美主义，就是卸下你肩背上的一个大包袱，就是把一切虚幻的念头扔掉，这样才能发现身边的人、事、物所拥有的美丽，这样才能在遇到失败时不会选择退缩。敢于接受失败了，才能在失败中找到走向成功的正确方法。

去试着扔掉你的完美主义，学会失败，人生的道路才会变得更宽广，成功才会向你走来。

艺术和生活相通，缺憾无法避免，要笑着接受

追求美丽的事物是人与生俱来的天性，美丽的容颜、美丽的鲜花、美丽的住所、美丽的风景。向往美丽的事物和美好的人生是无可厚非的，如果是怀着正确的心态去追求凡事的"美"，应该是值得鼓励的。

生命中一切的美总能给我们带来愉悦和幸福，所以我们都对美充满了向往，总是为着心中的那个"美"而努力奋斗着，也总是更愿意接受"美"给我们带来的那种快乐，正因如此，当我们在面对一些人生缺憾时则会备感难过。

为什么我们更愿意接受美，而当面对某些缺憾时我们却总是百感交集？

　　其实万物都是相对存在着的，有好就有坏、有甜就有苦、有完美当然就应该有缺憾，如果一个人只能接受美好的一面，而不能用平和的心去面对缺憾的话，那他的生活就不可能有真正的幸福。

　　就如爱情，人们常说爱一个人就要连同爱上他（她）的缺点，话很简单但道理很深刻。人生路上，无论是在面对爱情还是面对工作，又或是其他什么事情，道理都是相通的，能像接受美一样地去接受缺憾，生活才会真正地有幸福感。

　　文物鉴赏专家对于缺憾深有体会，鉴别一件宝玉是不是真品，其中一点就是看它有没有瑕疵，因为真正的宝玉总有点儿遗憾之处，而不像人工仿制的那样完美无缺。

　　从美学理论上来说，不完美优势是另一种形式的完美，是一种独具美学价值的美，是所谓的"残缺美"。所以，有时候接受这些小小的缺憾，才能找到真正的美。对于一些固执地追求完美的人，一定要学会妥协，否则，就应了那句话："过于追求完美的人，往往与美玉失之交臂。"

　　曾经有一个自认为聪明的学生在一所学院里读书，总觉得自己的老师能力不够，而且处处刁难自己，所以，他总是抱怨，而且他还总是抗拒老师的要求和教诲。

　　一天，学校的院长听说此事后，特意找到他与他谈话，问道："听说你对你的老师不是很满意，对她的教导也不以为然。我想知道，你对她都有哪些不满意？"学生看到院长亲自来找自己谈话，起初他还有些紧张，以为院长也是来替那老师教训自己的，后来发现并不是那样，于是他放开胆子说起老师的种种不是。

　　学生越说越激动，越说越大声，但院长并没有打断他，一小时中他不断地说着，院长只是要求他不断举出能说明情况的例子，直到他想不起来还有什么可以举证老师过错的例子时，院长才再次开口说："你讲完了吗？现在可以换我来讲了吧？"他点点头。

院长说："你是个聪明人，你有着黑白分明、疾恶如仇的个性。"学生满意地点头称道："院长，您说得真对，我就是这样的人。"院长又说："你要知道，这世界本就是一半一半的。天一半、地一半；男一半、女一半；善一半、恶一半；清净一半、浊秽一半。只可惜，你只能拥有一半世界。"学生木然地问道："为什么我只能拥有一半的世界呢？"院长答道："因为你只愿意接受完美的那一半，却不愿意接受残缺的一半，所以你所拥有的世界，毫无圆满可言。"

如果你只能像故事里的学生那样，只能接受美的那一半，那你的世界也不是完满的。要学会去接受缺憾的一半，去学会包容不完美的那一半世界，这样你才能拥有一个完整的世界，正是缺憾和美共同构成了一个完整的世界。

有的人在别人面前表现得很强势，总是强调自己是如何努力地去面对生活，是如何用心地把每一件事做到最完美，还总在强调不会让自己的生活中出现缺憾。这种人看上去是有着极强上进心、干劲儿十足的强人，但事实上，这样的人多数内心是充满了生活恐惧的人，是不敢面对生活缺憾的人。在事情完美时，他们喜欢自夸自喜，可一旦遇到失败或是缺憾时，就很容易变得极度沮丧，甚至是崩溃。其实，如果能用接受美的心态去接受所遇到的缺憾，那么你就会发现，其实缺憾并不可怕，甚至有时缺憾本身就是一种美。就像法国卢浮宫的三大镇馆之宝中的维纳斯一样，正因为没有了双臂，才显得爱神更加生动美丽。

美国盲聋女作家海伦·凯勒曾说："黑暗将使人更加珍惜光明，寂静将使人更加喜爱声音。"因为有了事物的缺憾才让我们知道了事物的美，所以接受缺憾自然就拥有了美。

换个角度看世界，试着把你的视角变化一下，你就会发现其实某些缺憾的事物也有美丽的一面。黄连虽苦，却是去火良药；庞统虽丑，却有安邦之能；榴莲虽味道异常，却营养丰富，被称为水果之王。所以说什么是缺憾？什么是完美呢？是否是缺憾其实更多时要取决于人的心态，心态平和即使是缺憾的事，也能去欣然接受，那么缺憾也能变得美丽。

　　面对缺憾时，学会接受，因为哀怨并不能改变现实，不如欣然去面对，那么缺憾或许并不一定只给你带来失意。像接受美一样去面对缺憾，就会发现其实缺憾有时就是美的一部分。月圆时让人欣慰，月缺时会有一种浪漫，不用太过在意词语的不同，学会接受缺憾才能让你的世界变得完整。

第二章　幸福的人善于换个角度看问题

把寂寞品出幸福的滋味

在很多人看来，寂寞就意味着空虚，空虚从另一方面来说就是不幸福。可能大多人都会以为寂寞的人多有张快乐的面具。白天的时候，带着它到处炫耀自己的快乐。到了晚上，摘掉它，露出真实的本性。它的本性是忧伤的，这种忧伤需要宣泄，于是发现了文字。也许苍白，却能在笔端充满生命力地张扬。剖开了深埋入土的回忆，不管是再撕一次的伤痛，还是充满幸福的回味……但其实，幸福不幸福，最终的决策权还是属于我们自己，寂寞并不意味着不幸福。

经人介绍，杰西卡认识并嫁给了一个船员。从此，她便开始了体验孤独与享受寂寞的旅程，但同时她也享受牵挂的幸福。

她说道，记得丈夫第一次离开她上船时，她确实受不了。送走了丈夫跌跌撞撞地回到家，望着18平方米的房间，觉得这房子那么大，那么空。她哭一阵儿，想一想，想一阵儿又哭，想想无边无际的归期，面对空荡的屋子，她痛苦得不得了。当时，她最恨的是：世上为什么有海，为什么有船，若是没海没船，丈夫也不会扔下她去那么远的地方上班，她真恨不得快去把丈夫追回来。猛地，她想起了丈夫的嘱咐：当船员的妻子可必须学会勇敢坚强，不要动不动就流泪。想起这些，她擦干眼泪，开始收拾房内卫生。她把双人枕头放起来换成单人的，把丈夫的鞋袜等一一收藏起来。当收拾到烟灰缸时她又止不住流泪了，她在心里对丈夫说，希望你少抽烟，好好保重身体。

从此，她开始了相思牵挂的生活，一天天数着丈夫离开家的日子。数至 7 个月时，丈夫来信说准备休假，她又一天一天数着丈夫归家的日子，数至 8 个月零 6 天时，终于盼来了日思夜想的亲人。

丈夫回来后，杰西卡便告诉丈夫自己每天的生活，丈夫说他很担心杰西卡，怕她忍受不了寂寞，做他的妻子会不幸福。杰西卡说，她很幸福，因为寂寞也是一种幸福。正是寂寞让她变得坚强勇敢，让她学会了更好地生活。

人生的第一件大事是发现自己，因此人们需要不时地孤独和沉思。在喧嚣中，人们很容易迷失自我，只有宁谧的寂寞才能发现自己，发现生活。李志在《凡·高先生》中唱道："不管你拥有什么，我们生来就是孤独。每个人都是独立的，每一种感情只可以被分享，而无法被完全地理解。只有自己才是最了解自己的人。"寂寞带来了失落感，也更容易使人们发现自我。如果杰西卡在寂寞中只是一味地消极面对，那么她就会陷入不幸福的深渊，但是她在寂寞中找到了幸福的方法，寂寞也就成为一种幸福。

其实幸福只是一种个人的感觉罢了，看你自己怎么看待它。一路走来，我们经历过贫苦，经历过背叛，经历过失去，经历过绝望。短短的呼啸而过的青春，不免留下遗憾，人越长越大，却越来越孤单寂寞。

承受寂寞是一种勇敢，享受寂寞是一种成熟，而寂寞也是人生的一个必经磨炼，只有学会了享受寂寞，幸福的生命才会完整。

生活本来就太多的诱惑，太多的追求和渴望会让原来简单纯粹的人生变得迷茫与困惑起来。什么是幸福？幸福有很多种，每个人的答案和标准都不同，不过有一点是肯定的。那就是活着就是幸福，可以看到早上升起的太阳是一种幸福，可以听家人在餐桌旁唠叨个没完，那也是一种幸福，可以和好朋友插科打诨也是一种幸福，幸福有很多很多，多得就如你身边的空气，充盈在你的周围而你懵然不知。当然，享受寂寞也是一种幸福。

一个幸福的人不在于他拥有什么，而在于他的心态和心境。伟大的人都是孤独的，因为孤独，因此懂得发现和寻找，且具有博大的胸襟、雍容的风度。不是每个人都能拥有寂寞，享受寂寞。很多人为了逃避寂寞，选择到喧嚣的世界，用各种感官刺激驱走寂寞。

人生本就是一个福祸相依、苦乐参半的过程，被误解也是生命中不可避免的一种情感，因为不被理解而寂寞。面对误解，不必辩解太多，用时间证明自己。

闲暇时一个人独处在安静的环境里，心平气和地品味无丝毫侵扰的那种氛围。这时候，你所拥有的寂寞实际上是一种超越幸福的感觉。一个人的时候，可以专心致志地读一篇喜爱的文学作品，全身心地听一首爱听的歌曲。甚至在夜深人静时，久久地凭窗远眺，望远处微弱的灯火和那片恒定的熟悉的星空。

天生内向的人，并非不善言辞，也绝非寡言少语。喜欢独处，其实质就是喜欢清静，也常常刻意去寻找或创建这样一种环境。虽说是一个人独处，但不等于寂寞无聊。在拥有独处的时光里，可以静静地排解自己的心绪，真真正正地放松自己，让负累过的身体和疲惫过的身心，慢慢地得以还原。在孤独中安然地反思自己，让驰骋的思绪像小溪般自由自在地潺潺流淌，载着一枚枚轻酬的红叶，载动沉夜中香眠的月影，修正着那个亮闪的方向，去寻找与自己亲密对接的未来。

社会生活的快节奏，每日奔波路途上纠缠着的磕磕绊绊，每个人都承担着工作的压力、家庭的负担、情感的纠葛。甚至在人与人相处时，煞费心机地学会庸俗，学会适应，学会该恪守而不能废弃的原则。很多人都常说，"唉，活着真累。"累，这是实情，说明人总有事情要做，总有话要说，更说明了人就是在一个纷杂的且布满色彩的矛盾体中生活。生活中不触及矛盾，那是远不可及的幻影，有了矛盾就总要想办法解决矛盾，而解决矛盾的过程中，就会伴随忧烦，伴随奢望，伴随种种高高低低的喜怒哀乐。

而在孤独的时候，就是一种短暂的解脱，就是从复杂走进简单，让负累的心悄然地得益于一种安逸，一种呵护，从中拾捡乐趣，优选怡然，甚至可以重新造化自己，审视自己，升华自己，改变自己。在静思时敞开所有，可以在突然间使思想豁然开朗，给心间推开一扇亮窗。

孤独是一份情结，它可以无言地描述我们生命和心灵过往的历程，静然反思，在纷杂中坦荡地面对一切。短暂的孤独，会理性地分析自己，让自己思虑后，更清楚明了现实中拥有的珍贵的生活，善待他人，也会为我们迎战困惑养精蓄锐，磨砺意志，撕碎消极和怠慢。

寂寞，也可以是一种幸福。寂寞的人是敏锐的。这种敏锐可以从文字中看到，也可以从眼神和气质中寻找。人生短暂，寂寞不常在。请享受寂寞，放松心情。让我们在寂寞中思考，完善自我，请在享受寂寞的过程中也享受幸福的生命。

不再偏执，与生活和解

苏轼在《水调歌头》里有这样一句话："人有悲欢离合，月有阴晴圆缺，此事古难全。"生活本来就存在着许多无奈，许多我们无能为力的无奈，但千万别跟自己过不去，也别跟生活过不去，没理由不滋润、不快活，关键是我们选择什么样的角度看生活与看自己。我们有我们的悲哀，生活有生活的难处，应当学会原谅生活。

我们原谅生活是为了更好地生活，别为一点儿小事结下一生的死结。每个人都难免会有被人欺负、被人误会的时候，但我们要及时送出自己的宽容。学会宽容，我们的生活才会重现生机。唯有宽容的阳光渗透心灵，宽容别人，才能解放自己，才能融入最真实的幸福。

我们常常会听到身边的人在抱怨生活，抱怨自己。其实，与其抱怨，与其悲哀，不如想着如何来改进自己的不足，如若不尝试去原谅，就不会使灵魂站在另一个角度来思考如何提高自己，凡事换一个角度去想，也许会有意想不到的结果。

沮丧的时候，回归你生活的角落，去充电、打气。听一听京剧、越剧、歌曲、乐曲，什么都成，边听边练毛笔字。你可以发泄一下，可以哭，也可以唱。渐渐地排遣了沮丧，焕发了新的激情，环视四周，发现一切正常，你的消沉、你的低落、你的怨愤就会变得没有任何意义，既然如此，何不让自己回归正常？为什么总跟自己过不去呢？试试看，每天吃一颗糖，然后告诉自己：今天的日子，果然是甜的。

福莱说："一个不肯原谅别人的人，就是不给自己留余地，因为每一个人都有犯过错而需要别人原谅的时候。"

有一次，发明大王爱迪生和他的助手们制作了一个电灯泡。那是他们辛苦工作了一天一夜的劳动成果。

随后，爱迪生让一名年轻学徒将这个灯泡拿到楼上另一个实验室。这名学徒从爱迪生手里接过灯泡，小心翼翼地一步一步走上楼梯，生怕手里的这个新玩意儿滑落。但他越是这样想，心里就越紧张，手也禁不住哆嗦起来，当走到楼梯顶端时，灯泡最终还是掉在了地上。

爱迪生没有责备这名学徒。过了几天，爱迪生和助手们又用一天一夜的时间制作出一个电灯泡。做完后，还得有人把灯泡送到楼上去。爱迪生连考虑都没考虑，就将它交给了那名先前将灯泡掉在地上的学徒。这一次，这个学徒安安稳稳地把灯泡拿到了楼上。

事后，有人问爱迪生："原谅他就够了，何必再把灯泡交给他拿呢？万一又摔在地上怎么办？"爱迪生回答："原谅不是光嘴巴说说的，而是要靠做的。"

如果爱迪生没有真正地原谅这位学徒，那这位学徒就不会有机会成功地帮他拿稳一次灯泡，将功赎过。

原谅了别人，不仅自己心里明亮了，也照亮别人，不仅自己感到一种心情上的愉悦，也给人一种愉悦的心情，一种带有小小幸福的感觉。

原谅生活，不是可以淡漠所有的不公，不是为了超脱凡世的恩怨，而是要正视生活的全面，以缓解和慰藉深深的不幸。相信生活，才能原谅生活，如果你的桅杆折断，不论是你自己的错，还是生活的错，都不该再悲哀地守着荡舟的孤独。

生活本身并不是可以实现所有幻想的万花筒，生活和我们是相互选择的，不该过分计较生活的誓言，生活本来就没有承诺过什么。它所给予的，并不总是你应当得到的，而你所能取得的，是凭你不懈的真诚和执着所能得到的。

　　更确切地说，你现在所拥有的生活，其实是你用双手创造出来的，如若你连你创造的生活都不喜欢了，认为不可原谅了，那么你就是在间接地讨厌自己。当你想不开了，所有的一切就都变得灰暗了。幸福往往就是这样从你指缝中溜走的。

　　邰丽华，她听不到掌声，但她能感受得到掌声的热烈。年纪轻轻的她却已为世界上 20 多个国家的人民带去了她的优美舞姿；她实现了许多著名艺术家一生的梦想，是中国唯一两次登上世界最高艺术殿堂——美国卡内基音乐厅和意大利斯卡拉大剧院的舞蹈演员。她被誉为全世界六亿残疾人的形象大使，是我国著名青年舞蹈表演艺术家。

　　在她两岁那年，因发高烧而失去了听力，难以想象她当时的寂寞与痛苦。邰丽华小时候刚进聋哑学校时，一堂"律动课"对她后来从事舞蹈事业起了非常重要的作用。那天，老师踏响木地板上的象脚鼓，把震动传给站在地板上的学生，让孩子们由此知道什么是节奏。当同学们为脚下变化无穷的震动兴奋不已时，小丽华已全身匍匐在地板上，她指着自己的胸口告诉教师："我喜欢！"她努力地感受不同的震动，娇小的身体随之摆动。她突然发现，这是一种属于她的语言。她说过："残疾不是缺陷，而是人类多元化的特点。残疾不是不幸，而是不便。残疾人，也有生命的价值。愈是残缺，愈要美丽！"她对世界充满了感恩，她觉得自己已经注定一生都要用身体的舞蹈和心中的音乐去膜拜生命。当你看到那一个个优美的动作时，是否会发出一声惊叹？是否会觉得不可思议？但邰丽华做到了。也许她并没有达到舞蹈的顶峰，因为学无止境，而且她已经战胜了。邰丽华用心去感受生活，热爱生活，她有着一颗坚强、火热的心，她用行动告诉人们，她和正常人一样！

即便听不见，邰丽华也对生活抱着感恩的态度，从不抱怨生活，并且从生活中寻找到了支撑自己灵魂动力的源泉——舞蹈。她宽大的心胸原谅了生活跟她开的那场悲剧的玩笑，所以她获得了真正的幸福，因为她不会觉得她与别人不一样，她可以跟所有人一样做自己喜欢做的事情。一旦我们看清了自己，再来看生活，也就多了几分宽容在里面。原谅生活，你往往可以收获更好的生活。

把兴趣化作成功的驱动力

罗素说，我之所爱为我天职。可见罗素认为把自己的兴趣作为自己的职业，是他一生所追求的。无独有偶，欧元之父蒙代尔也把兴趣列为选择职业的第一标准。之所以把兴趣放在选择职业中至关重要的位置，不仅是因为做自己喜欢的工作会令人开心，幸福感增强，更重要的是，在兴趣的指引下，往往能够激发自己的潜力，获得更高的成就。

兴趣在哪里，成功就在哪里。

天才创业者扎克伯格被称为"盖茨第二"，出生于20世纪80年代的他，在 2008 年以 135 亿美元的身价登上了福布斯排行榜，成为全球最年轻的单身巨富。当人们询问他成功的秘诀时，扎克伯格的回答轻描淡写："我只是做我自己喜欢的事。"是的，扎克伯格只是爱好电脑，他只是在做自己喜欢的事。小学的时候，他就被辅导电脑功课的老师表扬是电脑天才。高中时代，他创作了名为 Synapse Media Player 的音乐程序，并且借由人工智能来学习用户听音乐的习惯，贴到 Slashdot 上后，被 PC Magazine 的五星评价为 3 颗星。

为了专心研究他的 Facebook，进入哈佛大学的扎克伯格毅然退学了。伴随着 Facebook 的上市，这位 80 后企业家也迎来事业的高峰期。扎克伯格凭借着自己的爱好，在软件行业里做出了自己的成就，并成为全球年轻人心中的偶像。

扎克伯格凭借着天赋成为哈佛的学生，是无数青年羡慕的对象。但是他仍然忠于自己的兴趣，并没有让光环黯淡了他对爱好的追求。当然，并不是所有的辍学都能成就一番伟业，盖茨和扎克伯格的例子只是说明，兴趣很重要，在兴趣的指引下，条条道路通罗马。

兴趣在哪里，成功就在哪里。按照自己的兴趣去设定事业目标，更容易调动自身的积极性，也更容易把自己各方面的优势发挥到极致；选择自己喜爱的事，即使在事业的道路上尝尽了艰辛，也会兴致勃勃，心情愉快；做自己喜欢的事，更容易坚持到底，直到取得预定的目标；一旦达到目标，喜爱的事业中取得的成功带来的幸福感会更加强烈。

波波是动画片《快乐的大脚》里面的舞蹈天才。在爸爸看守他的时候不慎将其摔落在凛冽寒风中，导致这只可爱的小企鹅生下来就不会唱歌。在帝企鹅家族中，不会唱歌是一件很丢人的事情，因此波波经常受到排挤和歧视。最后甚至因为不会唱歌，还喜欢用脚乱踢，波波被当作族群中的不祥者，被赶出家族。

波波到处流浪，后来遇到了阿德利企鹅。阿德利企鹅为他的惊人舞步和神奇的节奏感而惊叹。这时，波波才知道原来用脚乱踢的小嗜好其实是跳舞的天分。他大胆地继续了他的爱好，最后不但以动感的舞步赢得了大家的肯定，还获得了喜爱的姑娘的芳心。

最让人佩服的是，这种舞步沟通了企鹅和人类之间的关系，使人类意识到他们对企鹅家族的伤害，拯救了企鹅家族。

波波以自己对兴趣的追求，获得了企鹅们的一致认可，为企鹅家族带来了自由和欢乐，也拯救了家族，最后被选为帝企鹅家族的新的领袖。

做自己喜欢的事，往往更容易克服成功道路上的挫折。兴趣所在，人们往往愿意投入更多的精力，甚至会为之废寝忘食，如痴如醉，无形中缩短了自己和成功之间的距离。

韩寒说，有喜欢的事就去做，这怎么都没错。初中期间，他就开始进行他喜欢的文学创作，不时有文章发表。高中时，韩寒以一篇《杯中窥人》获得首届新概念作文大赛一等奖，后因期末考试七科不及格而留级，被报道后曾引起激烈的讨论。

保守派的教育专家们给韩寒定义为不健康成长，偏科严重，必须改变。然而韩寒并没有受外界的干扰和束缚，依旧进行文学创作。随着《三重门》的发行，他一举成名。该书累计发行200万册，是中国近20年销量最大的文学类作品。留级后的韩寒，再次挂科七门并最终在高一退学。

退学后，韩寒的创作一发不可收拾，陆续发表了散文集《零下一度》《通稿2003》《就这么漂来漂去》《杂的文》，以及《像少年啦飞驰》《长安乱》等小说作品，在"80后"的青年中掀起一阵追求个性、追求自我的旋风。韩寒影响了一代人，也使这一代人开始用自己的方式来展示别样的成功。

敢于挑战权威，坚持自己的兴趣，韩寒在不一样的领域里获得了成功，也向那些顽固迂腐的学者们证明了自己并不是玩世不恭。

有时候兴趣往往受到世俗眼光的挑战，很多人都迫于现实的压力，或者朋友亲人的不认可等因素而放弃了自己的兴趣。有报道说，最终从事了自己喜欢的职业的人，只有3%。

坚持做自己喜欢的事，需要有强大的内心。强大的内心不仅是坚持自己的喜好所需要拥有的，做任何事都需要。所以坚强的人，坚持了自己的爱好，击败了更多的困难，得到了更大的成就和荣誉。

成功的实现也需要挺住彩虹来临之前的暴风雨。有些人有勇气不屑世俗，但却没有恒心。虽然在兴趣的指引下，成功来得容易一些，但挫折和困难是不可避免的，迎难而上，不要灰心，不要沮丧，不要悔恨，只有坚持才能赢得最终的胜利，流着眼泪等到成功的那一刻喜极而泣吧！

兴趣在哪里，成功就在哪里。现实的残酷往往淡漠了我们追求理想的心。麻木的心灵是否已经忘记理想很久了呢？最初的梦想是否被你抛到了九霄云外？

我们总是感叹命运的不济、工作的辛苦、成功的不易。为何不想想为什么成功这么难呢？是不是你一开始就坚持了错误的方向？问问自己，你喜欢做什么，想做什么。顺着自己的兴趣，也许成功并不像想象得那么遥远。

兴趣在哪里，成功往往就在哪里。找准兴趣所在，不抛弃，不放弃，一步一个脚印地走下去。路在脚下，成功在远方，只要认准了方向，每走一步就接近梦想一步，终会成功。

去认可你的工作，会有全新的幸福体验

著名的"人生导师"泰勒·本·沙哈尔教授，总结幸福的三个成分是：意义、快乐和投入。他说：幸福，是衡量一切的最高标准。要做一个幸福的人，必须要有一个明确的可以带来快乐和意义的目标，然后投入其中。工作是人的立足之本，要在工作中获得幸福，需要明白工作的意义，当你认可你的工作时，工作能给你带来充实和快乐，这种充实的快乐会比在工作中取得的成就感更快乐；而认可你的工作，你会怀着积极的心态，做事往往也会事半功倍，工作上的成就也将更大。因此，对工作的认可比工作本身更重要。

工作，并不仅是为了获得薪水，更重要的是实现自己的社会价值，找到自己的人生定位，也是为了带来归属感。而归属感和集体荣誉感能够使工作变得轻松，更容易进步。做着自己喜爱的事是人生的一大乐事，因为并不是人人都有机会做自己喜欢的事。

对于工作，应该爱我所选，选我所爱。有的人把高薪视作自己工作的全部目标，工作的时候，他看到的不是工作，而是钱，因此工作的时候他不快乐，工作于他而言，完全是一种压力，挣钱的手段，他满心想的都是拿到钱时候的喜悦而不是工作本身。不全身心地投入，进步也就变得举步维艰，这样的人也走不了多远。

选择自己喜爱的职业往往会受到很多的现实阻碍。即使不能选择喜

爱的职业，起码，你对一项工作认可，你才可以选择它。认可它才会觉得做事情有意义，不会感到空虚和虚度。此外，如果连自己都不认可自己的所为，就更无法得到老板和客户的认可了，取得工作上的成就几乎是不可能的。

甲和乙是好朋友，他们一起长大，一起上小学、初中、高中，又一起高考落榜。毕业后，他们一起去了小城里一个不怎么有名的钢铁公司，从普通员工做起。虽然没有考上大学，甲还是每天都很开心，因为他觉得终于可以靠自己的能力养活自己，而不用靠父母了。但是乙总是闷闷不乐，一个靠卖力气为生的工人整天劳累，却收入甚微，不知道什么时候才有出头之日，更重要的是，在人们的眼中，做这样的工作都是没出息的表现。

甲看到乙总是闷闷不乐，很担心他，于是问他为什么，乙把自己的心思都告诉了朋友。甲却说，我不觉得做力气活儿有什么不好，你想，如果没有我们的力量，万丈高楼能盖起来吗？没有我们，汽车轮船的零件从何而来？我倒是觉得我们的工作很有价值呢。乙摇摇头，他觉得甲真的是很窝囊，没志气，不可理喻。

过了没多久，乙离开了家乡，去了一所大城市打拼。他知道大城市的机会要多得多，他相信自己一定能赚很多的钱。然而机会多的同时也伴随着生存的压力，由于没有一技之长，乙陆续换了很多工作，一颗好高骛远的心和成就一番事业的雄心壮志使得乙总是觉得没有归属感，总觉得该换一份更高薪的工作。打拼了十年的乙，除了攒下一点儿积蓄之外，一无所获，甚至无法在大城市安家落户。年龄慢慢大了，是时候该成家了，乙想还是拿着积蓄回家乡找一门亲事成家吧，于是回到了家乡。

回到家的乙，发现家乡发生了很大的变化，让他又亲切又陌生。晚上，打开电视看到了他们小城的地方电视台，正在播新闻。一则新闻让乙惊呆了，说的是某钢铁公司董事长为某工程捐款。而那个董事长，不正是他的好朋友甲吗？

过了几天，甲来看乙，乙对甲取得的成就表示由衷地敬佩，而甲却说，兄弟，其实我没有想到我能有今天，我只是想把自己的工作干好，一不小心就熬成了董事长，还做了那么多工程。我始终认可并热爱我的工作。乙感叹，这些年我为了挣钱而工作，总是不认可自己的工作，觉得应该换更好的，换了那么多工作也没挣到钱。

甲认可自己的工作，因此他活得开心，工作积极性也高，做起事来更投入，当然也做得更好，屡屡升迁也就不足为奇。而乙，把工作单单看成挣钱的手段，最终也只能无所作为。

其实工作着的人，有很多都不认可自己的工作，他们心中有一个自己喜爱的职业，于是千辛万苦地换过去，做了一段，发现和他们想象的不一样，并不是自己喜欢的，于是又换……换来换去都做不好，最后才发现，其实最初的工作也挺好的，于是又回到最初的岗位。这期间，浪费了多少时间和青春。人们往往这山看着那山高，认为别人的比自己的好，其实每个人的都很好，只要你付出努力，认可自己，认可工作，不论什么岗位，都能做出卓越的成就。

曾经有这样一个袖珍药厂，低院墙，低矮的平房，斑斑驳驳。小厂的外债已接近400万元，工人们已经好几个月没有拿过一分钱工资了。从厂子的墙角到房角都堆着垃圾，不堪入目。在这个小工厂里，很多的员工已经不抱什么希望了，他们只想再看看，厂子有没有转机，如果没有转机，就离开厂子另谋生路。

但是厂长一直没有放弃，而是激励员工们，安慰员工们，一起度过最困难的日子就能够重新站起来。他始终认可自己的工作，也要求工人们相信自己的努力是有意义的。3个月过去了，一部分人觉得没有意义，纷纷离开了。

然而，在厂长和留下来的员工的坚持下，半年以后，厂子奇迹般地复苏了，各地区市场纷纷回款，厂长就在这时加大了广告推动。后来，这家厂子的销量开始几十倍地增长，直到现在已经彻底翻身了，现在这家工厂的利润以每年递增1876%的速度高速成长着，在这样的市场中历练出来的人对于营销更加游刃有余，而那些早早离开的人，多半没有成为市场上响当当的人物。

　　这个袖珍药厂就是现在的修正药业，他的董事长就是修涞贵先生。如今修正药业已经家喻户晓，成了大企业，而那些离开的人想回到这样的大企业已经很难了。

　　修涞贵先生始终认可自己的工作，在那么多人弃他而去的时候，他坚持了下来，使得修正东山再起，他也获得了成就，得到了幸福。

　　工作不应仅作为生存的手段，它也是一个人价值的体现。认可自己的工作，工作不再是苦差事，而成了全身心热爱的事，而且是有人付钱来请你做的你喜欢的事。认可自己的工作，更容易精神抖擞，取得更高的成就。对工作的认可比工作本身更重要。

第三章　调整心态是获得幸福感的不二法门

离开怨恨的牢笼，让心灵得以自由

在现代生活中，我们难免会有事业受挫、身体虚弱、恋爱告吹、遭流言中伤等苦恼。生活就是这样，不管你是否愿意，你都无法拒绝这不期而至的烦恼。但是面对这样的烦恼，有的人由此神情沮丧，情绪低落，脾气暴躁，甚至戴上了怨恨的枷锁，在怨恨的束缚下，他们并不幸福。

其实，面对生活中的困境，我们应该做到宽容，用宽容来打开怨恨的枷锁，从而释放自己疲惫的心灵。宽容，是一种放得下的大度，是一种与人为善的观念。懂得宽容的人往往豁达、冷静、理智，他们宽容自己但并不会放纵自己。

人应该学会宽容。多一些宽容就少一些心灵的隔膜；多一分宽容，就多一分理解，多一分信任，多一分友爱。只有解开怨恨的枷锁，让自己的心灵放松，才能拥抱更多的幸福。

雨果说："世界上最宽阔的是海洋，比海洋更宽阔的是天空，比天空更宽阔的是人的胸怀。经常听到有人在被伤害的时候，被欺骗的时候会说：我绝不会原谅他，我绝对不会放过他，我死都不会饶恕他。这种持久的怨恨其实在心里种下恶的种子，使得一生都在浇灌一棵罪恶之花，所以在仇恨别人的同时，其实也是牢牢地束缚了自己。"停止怨恨，就是放过自己，让自己获得自由。与其抱着怨恨过日子，让自己活在黑暗里，不如让自己带着宽容活在阳光下，享受阳光带给自己的幸福洗礼。

对待亲情宽容，对待友情宽容，对待爱情宽容，有时候，我们甚至在对待陌生人时也应该宽容。前阵子微博上流行过一句话，"看别人不顺眼，是自己修养不够"。这句话，不仅代表了宽容，还教会了自己该怎么去做。放下这一切，提高了自己的修养，愉悦了自己的心情，手里提着的幸福也不再沉重。

2004 年 8 月 23 日，雅典奥运会男子单杠决赛正在激烈进行。

28 岁的俄罗斯名将涅莫夫第三个出场，他以连续腾空抓杠的高难度动作征服了全场观众，但在落地的时候，他出现了一个小小的失误——向前移动了一步，裁判因此只给他打了 9.725 分。

此刻，奥运史上少有的情况出现了：全场观众不停地喊着"涅莫夫""涅莫夫"，并且全部站了起来，不停地挥舞着手臂，用持久而响亮的嘘声，表达自己对裁判的愤怒。比赛被迫中断，第四个出场的美国选手保罗·哈姆虽已准备就绪，却只能尴尬地站在原地。

面对这样的情景，已退场的涅莫夫从座位上站起来，向朝他欢呼的观众挥手致意，并深深地鞠躬，感谢他们对自己的喜爱和支持。涅莫夫的大度进一步激发了观众的不满，嘘声更响了，一部分观众甚至伸出双拳，拇指朝下，做出不文雅的动作来。

面对如此巨大的压力，裁判被迫重新给涅莫夫打了 9.762 分。可是，这个分数不仅未能平息观众的不满，反而使嘘声再次响成一片。

这时，涅莫夫显示出了他非凡的人格魅力和宽广胸襟。他重新回到赛场，举起右臂向观众致意，并深深地鞠了一躬，表示感谢；接着，他伸出右手食指做出嘘声的手势，然后将双手下压，请求和劝慰观众保持冷静，给保罗·哈姆一个安静的比赛环境。

涅莫夫的宽容，让中断了十几分钟的比赛得以继续进行。

在那次比赛中，涅莫夫虽然没有拿到金牌，但他仍然是观众心目中的"冠军"；他没有打败对手，但他以自己的宽容征服了观众。

是啊，唯有放宽心去看待一切，你才不会为自己的生活系上一个死结。涅莫夫确实是出现了失误，如果因为自己的失误，而引起了不必要的硝烟，不开心的将是在场观看的支持他的观众，还有他自己。虽然因为这个失误他错过了金牌，但他还有下一次，只要他始终热爱着单杠这项运动，他将是观众心中永远的金牌得主。能被这么多人一直"宠幸"着，难道不是幸福吗？

俗人有云：佛争一炷香，人争一口气，往往争到这一口气，反而使我们失去更多。如果我们在发生不愉快的事情的时候能够问问自己，可能有很多矛盾可以化解。如果我们能在不小心发生误会的时候问问自己，跟他人的关系可能会更加融洽。只是因一点儿小事而破坏我们美丽的心情，只是因一点儿小事而影响我们的生活，只是因一点儿小事而与人结下一生的死结，只是因一点儿小事，让我们远离了幸福的大道，真不值得。

在美国一个市场里，有个中国妇人的摊位生意特别好，引起其他摊贩的嫉妒，大家常有意无意地把垃圾扫到她的店门口。这个中国妇人只是宽厚地笑笑，不予计较，反而把垃圾都清扫到自己的角落。旁边卖菜的墨西哥妇人观察了她好几天，忍不住问道："大家都把垃圾扫到你这里来，你为什么不生气？"中国妇人笑着说："在我们国家，过年的时候，都会把垃圾往家里扫，垃圾越多就代表会赚越多的钱。现在每天都有人送钱到我这里，我怎么舍得拒绝呢？你看我的生意不是越来越好吗？"从此以后，那些垃圾就不再出现了。

这个中国妇人化诅咒为祝福的智慧确实令人惊叹，然而更令人敬佩的却是她那与人为善的宽容的美德。她用智慧宽恕了别人，也为自己创造了一个融洽的人际环境。俗话说和气生财，自然她的生意越做越好。如果她不采取这种方式，而是针锋相对，又会怎样呢？结果可想而知。

一味地因一些小事争吵，争执，那生命里除了这些负面情绪，还会有什么？人性本是善良的，即便被误解了，被欺负了，被背叛了，但只要你愿意原谅，愿意用心去交流，再难，你都会收获幸福的果实。

一位名作家阿里，有一次和吉柏、马沙两位朋友一起旅行。三人行至一处山谷处，马沙失足滑落，幸而吉柏拼命拉他，才将他救起。马沙于是在附近的大石头上刻下："某年某月某日，吉柏救了我一命。"三人继续走了几天，来到一处河边，吉柏跟马沙为了一件小事吵了起来，吉柏一气之下打了马沙一耳光，马沙跑到沙滩上，写下"某年某月某日，吉柏打了马沙一耳光。"当他们旅游回来后，阿里好奇地问马沙，为什么要把吉柏救他的事刻在石头上，而把吉柏打他的事写在沙滩上？马沙回答："我永远感激吉柏救我，至于他打我的事，我会随着沙滩上字迹的消失而忘得一干二净。"

每个人都曾经历过来自别人的不理解和伤害，但是有些人选择记仇，选择无休止的怨恨，有些人则选择宽容相待，慢慢忘记。如果生活是一朵美丽的花，那么怨恨就是啃噬花叶的虫；如果生活是一片宁静美丽的湖，怨恨就是在湖中注入一道污秽的炼油。用宽容来浇灌被怨恨啃噬的花朵，用宽容来净化被怨恨污染的湖泊。人存在这世界上并不是孤立的，而是互相结合联络的，人与人之间应该友好亲善、彼此宽容。所以，解开怨恨的枷锁，让心灵轻松一点儿，让幸福离我们更近一点儿吧！

人生不要太较真，少钻牛角尖

"老鼠钻牛角——没有出路"，相信是很多人都耳熟能详的歇后语，其中的故事是这样的：

老鼠钻到牛角尖里去了。它跑不出来，却还拼命往里钻。牛角对它说："朋友，请退出去，你越往里钻，路越窄了。"

老鼠生气地说："哼！我是百折不回的英雄，只有前进，绝不后退的！""可是你的路走错了啊！""谢谢你！"老鼠还是坚持自己的意见，"我一生从来就是钻洞过日子的，怎么会错呢?"不久，这位"英雄"便被活活闷死在牛角尖里了。

这个故事很简单，但含义深刻。现代人经常说，"我很豁达，我才不钻牛角尖。"然而当事情临头，很多人经常如故事中的老鼠一样固执己见，在压力的重压下，自己也变得执拗起来，听不进他人的建议。

章鱼是海洋生物中一种可怕的动物，身躯却非常柔软，柔软到几乎可以将自己塞进任何一个想去的地方。章鱼没有脊椎，这使它可以随意穿过一个银币大小的洞。

每次遇到其他鱼虾经过的时候，章鱼就迫于生存的压力而选择将自己的身体塞进海螺壳里躲起来，等到鱼虾走近时，就咬住它们的头部，注入毒液，使其麻痹而死，然后美餐一顿。

对于海洋中的其他生物来说，章鱼是它们的天敌。

聪明的人类掌握了章鱼的天性，通过一种办法就能轻松地捕捉到章鱼。

渔民们将小瓶子用绳子串在一起沉入海底。章鱼一看见小瓶子，都争先恐后地往里钻，不论瓶子有多么小、多么窄。结果，这些在海洋里无往而不胜的章鱼，成了瓶子里的囚徒，变成了渔民的猎物，变成了人类餐桌上的美味。

心理学家发现，当一个人重复想着同一个念头时，如果不能突破思维的局限，一味地喜欢往"瓶子"里挤，会让自己的视野越来越窄，思想也越来越失去智慧和光泽。当我们遇到压力的时候，我们的思维就会越来越狭窄，只是将注意力集中到某一个问题上，最后被困在了所谓的牛角尖。

每个人在生活中都会不可避免地遇到一些烦恼和不开心的事情。

当不如意的事情发生时，人们往往会不自觉地把事态放大，立即会想到最不好的结果。放大的事态会使已经很糟糕的情绪随即演变成一个巨大的烦恼，这个烦恼如同影子一般挤压着心口，堵塞着思维。坏情绪的特点是螺旋式下降，越想烦恼的事情就越生气，越生气自我感觉就越不好。这时烦恼和郁闷会将一个人的心境变得越来越小，小得只会往牛角尖里钻。

摆脱烦恼最简单的方法就是跳脱出来，当发现自己的情绪快要沸腾时，暂时抛开眼前的一切，不去想这件事。当我们平静后，以另一个角度去看待所发生的事情，就会发现其实一切并不那么烦恼，使自己逐渐转变不好的情绪。

2009年5月底的一天，34岁的何某被南宁铁路运输中级人民法院宣判了死刑，他当庭表示认罪。他走到这一天，竟然是由于多年前与工友的一次调班引起的。

何某曾在田阳铁路给水所工作。2002年年初的一天，何某与工友韦某因调班发生矛盾，何某因此受到单位处分。何某十分气恼，不久，他伺机用药麻醉韦某，并抢走了韦某身上的钱物，但很快就被查了出来。当年8月，何某被判3年有期徒刑。

刑满释放后，何某到广东投靠朋友钟某。其间，钟某向何某借了一些钱，这些钱是何某向自己的大姐借来的。2008年10月，何某多次向钟某要债都没有结果，他因此也无法向大姐还钱，十分尴尬。何某恼羞成怒，决定杀了钟某解恨。但他思前想后，觉得自己如今的困境都是当初和韦某闹矛盾造成的。于是他准备先回去杀了韦某，再来杀钟某。

2008年11月的一天，何某乘火车赶到田阳，在田阳铁路给水所的值班房内找到铁管、菜刀、剪刀等工具，将韦某捅倒在血泊中。随后，何某用棉被盖住韦某的尸体点燃焚尸，并掠走了韦某身上的财物。6天后，警方在广东东莞将何某抓获。

很显然，这就是一种钻牛角尖的行为，当事人所关心的已经不仅是钱的问题，而是由钱引发出来的情感仇恨。他把注意力过于集中在这件事上，结果形成恶性循环，越想越觉得愤怒、委屈。事实上，这笔钱肯定不是当事人生活的全部，有时候现实的问题无法一下子解决，不妨转移精力暂缓一下，跳出牛角尖去关注别的事情，等再回过头来，原有的矛盾也许就没那么重要了。在现代社会中，压力总是不可避免的，每个人都应该学习应对压力的办法。压力的形成，是由于注意力过于集中造成的。比如，在一些因受歧视而杀人的案件中，杀人者的注意力过度集中在自尊上；因分手而酿成的血案中，当事人把注意力过多地集中在自身的欲望上。因此，缓解压力最根本的办法就是转移注意力。比如，当感觉注意力过于集中在某件事情上，甚至产生极端想法的时候，可以暂时把这件事放在一边，缓一缓再去处理。可以做做深呼吸，听听音乐，做做运动，或者把心思放到身边其他的人和事上。等过一段时间再来处理这件事，就会有不同的心态。

其实，幸福的方法有很多，让自己不幸福的途径也有很多。愁也是一天，喜也是一天；遇事不要钻牛角尖，人也开心，心也宽广。当压力来袭时，我们应该懂得及时化解它，转移注意力也好，向人倾诉也好，自我调节也好，总之，我们要做的就是通过某种途径释放它，而不是积压在自己的心里，然后在自己的肚子里发酵、腐烂，然后结出不幸福的种子，过上不幸福的生活。我们应该记住该记住的，忘记该忘记的，改变能改变的，接受不能改变的，跳出牛角尖，这样，你就离幸福不远了。

及时解压才能触碰幸福

常听有人抱怨："唉，活得真累！"人这一生，总是要面对许多方面的不同压力：工作、家庭、生活、社会……凡此种种带来的压力，给人感觉就只有一个字：累。其实，一个人最大的劳累莫过于心累。想做的事情很多，做过的梦也很多，可是什么也没有做成，于是只剩下累了。而压力也会引起种种的不满与抱怨，于是，压力也变成了幸福的定时炸弹。

其实，面对这些压力的，不只是你一个人，而是每一个人。因为太在意生活中别人对自己的看法，因为太在意生活中自己在很多地方不如别人，等等，这就是累的源头。因此，其实不必过分在意别人的掌声和称赞，不要把别人的行为结果作为自己追求的目标。不断地扩大自己的心灵空间，方能体验生活本身的意义与快乐，才能感觉到这些也曾给自己带来许多甜蜜的幸福。与家人相处，与朋友相处，用心去体会最幸福、最快乐的时光。

可往往，我们却过分关注于压力，而忘记了快乐，因为这些压力，给生活引发了无数的硝烟。比如，会无缘无故地跟自己的父母或者伴侣大吵一架，却只有自己知道原因；会在朋友聚餐的时候，听到一句无谓的玩笑，疲惫的心导致无法正确面对一些善意的玩笑，从而跟朋友闹翻了天。明明近在咫尺的幸福，就因自己这么一挥衣袖，便烟消云散了。这些压力就是我们追求幸福道路上的定时炸弹，所以我们一定要及时地把这些压力化解掉。化解压力就要学会释放，学会诉说。所有的抑郁埋藏在心底，只会令自己郁郁寡欢，如果尝试着把内心的烦恼告诉别人，心情就会顺利舒畅，身边的人也能因此理解你，关心你。人，哭着喊着跑到这个世界上来，面临的首要问题就是生存。要生存，就必然要有竞争；有竞争，就必然有压力。所以，只要你选择活着，就注定要承受生存所带来的各种压力，如就业、晋职等，不胜枚举，所以我们要正视压力，用正确的态度来面对压力，就可以剪掉引爆炸弹的红线。

有一位中国的 MBA 留学生，在纽约华尔街附近的一间餐馆打工。一天，他雄心勃勃地对着餐馆大厨说："你等着看吧，我总有一天会进入华尔街的。"大厨好奇地问道："年轻人，你毕业后有什么打算呢？"留学生很流利地回答："我希望学业一完成，最好马上进入一流的跨国企业工作，不但收入丰厚，而且前途无量。"大厨摇摇头："我不是问你的前途，我是问你将来的工作兴趣和人生兴趣。"留学生一时无语。

显然他不懂大厨的意思。

大厨却长叹道:"如果经济继续低迷下去,餐馆不景气,那我就只好去做银行家了。"留学生惊得目瞪口呆,几乎疑心自己的耳朵出了毛病,眼前这个一身油烟味的厨子,怎么会跟银行家沾得上边儿呢?

大厨对呆鹅般的留学生解释:"我以前就在华尔街的一家银行上班,天天披星戴月,早出晚归,没有半点儿自己的业余生活,生活的压力非常大。我一直都很喜欢烹饪,家人朋友也都很赞赏我的厨艺,每次看到他们津津有味地品尝我烧的菜,我就高兴得心花怒放。有一天,我在写字楼里忙到凌晨一点钟才结束了例行公务,当我啃着令人生厌的汉堡包充饥时,我下定决心要辞职,摆脱这种机器般工作的刻板生活,选择我热爱的烹饪为职业,现在我生活得比以前要愉快百倍。"

这位厨师懂得如何去释放自己的压力,这是他一生中最大的成功之一。我们每个人总是为了生活去做一些自己不愿意做的事情,总是会有一些借口可以继续下去,这样的压力,就是自己给自己的。

要释放自己的压力,首先就要能够在生活中做一件自己喜欢的事,尽管你还有一堆工作要做。做自己喜欢的事,心情总是愉悦的。

加拿大魁北克有一条南北走向的山谷。山谷没有什么特别之处,唯一能引人注意的是它的西坡长满松、柏、女贞等树,而东坡却只有雪松。这一奇异景色之谜,许多人不知所以,然而揭开这个谜的,竟是一对夫妇。

这对夫妇打算进行一次浪漫之旅,他们的婚姻正濒于破裂的边缘,为了找回昔日的爱情,他们打算做一次浪漫之旅,如果能找回就继续生活,否则就友好分手。他们来到这个山谷的时候,下起了大雪,他们支起帐篷,望着满天飞舞的大雪,发现由于特殊的风向,东坡的雪总比西坡的大且密。不一会儿,雪松上就落了厚厚的一层雪。不过当雪积到一定程度,雪松那富有弹性的枝丫就会向下弯曲,直到雪从枝上滑落。这样反复地积,反复地弯，反复地落，雪松完好无损。可其他的树，却因没有这个本领，树枝被压断了。妻子发现了这一景观，对丈夫说："东坡肯定也长过杂树，只是不会弯曲才被大雪摧毁了。"丈夫点头称是，并兴奋地说："我们揭开一道谜，也悟出了一个道理——对于外界的压力要尽可能地去承受，在承受不了的时候，要像雪松一样，学会弯曲，学会给自己减轻压力。"少顷，两人突然明白了什么，拥抱在一起，他们重归于好。

做人，必须学会弯曲，像雪松那样适度、灵活地低一下头，弯一下腰，这样才不会被压垮，人生旅途才能伸缩自如，如鱼得水，一帆风顺。弯曲，并不是低头或失败，而是一种弹性的生存方式，是一种生活的艺术。

两则故事都告诉我们一个深刻的道理：除了正视压力，用正确的心态对待压力之外，还要懂得如何减少自己的压力，更要懂得不要给身边的人施加太多的压力。

亚里士多德说：生命的本质在于追求快乐，使得生命快乐的途径有两条："第一，发现使你快乐的时光，增加它；第二，发现使你不快乐的时光，减少它。"人们之所以会产生压力，是由于一个人的某些需要、欲求、愿望遇到障碍和干扰时，从而引发出心理和精神的不良反应。

压力如同"水可载舟，也可覆舟"一样，既有好的一面，也有坏的一面。如果能把压力变成动力，压力就是蜜糖；如果把压力憋在心里，让它无休止地折磨自己，那就是一颗定时炸弹。

所以我们应该懂得如何缓解压力，如何杜绝压力给生活带来的不幸。要知道，幸福总是在阳光下等着你去抓取，它需要的是一个轻松开朗积极向上的你，而不是满身负累的你。你带着一颗定时炸弹接近它，说不定哪天，它就被你炸得面目全非了。

不要把追求的幸福变成自己的枷锁

一众朋友坐在一起闲聊，话题就是幸福。有人问"什么是幸福？"一位年长者说幸福就是家庭和睦，生活安逸；一位刚入职场的朋友说幸福就是工作顺心，老板赏识，然后多赚钱；还有朋友说幸福是件说不清楚的事情，不好总结。到底什么是幸福？

确实很难给这两个字下个定义，因为每个人对幸福的诠释都不一样。饥饿时，一顿饱饭就是幸福；沙漠中，看到绿洲就是幸福；落水时，有人搭救就是幸福；困境中，有人帮助就是幸福……幸福其实只是自己的一种心理感触，每个人有每个人的幸福，也有各自追求幸福的方式。但不管你所追求的幸福是什么，切忌不要让你所追求的幸福变成你的枷锁。

马克思曾说过，"作家当然必须挣钱才能生活、写作，但是他绝不应该为了挣钱而生活、写作"。换而言之我们在追求幸福的道路上也是如此，千万不能让自己迷恋在幸福的表象上，让它成为我们的幸福阻碍。

有时人们在追求幸福时会被幸福目标所迷，只能看到得到幸福后的喜悦，却不去思量实现幸福的正确方法，这样在追求幸福的道路上就会增添更多阻碍，渐渐地把追求幸福变成一种苦难。

有一位智者，心有大智，是一座书院掌座，学生众多。其年事已高，决定要在众多的学生当中挑选一名最优秀的来接替自己的掌座位置。

经过甄选，最后有两名学生成为最佳候选人，一个叫心明，一个叫士元。智者为二人安排了最后的一首考试题："书院后山有一个悬崖，你们两个人要凭自己的力量从崖下到崖顶，谁先到顶谁就是新的掌座。"得题后二人来到悬崖下边仰望，悬崖艰险非常。心明首先开始了攀爬，可因为悬崖太过陡滑，每次都会从上面掉回原地，最后一次从山腰掉下，还被山间一块突出的岩石碰到了脑袋，最后晕迷不醒。智者看到只是长叹一声，让几个学生将他抬回了书院治伤。

轮到士元了，他开始也和心明一样攀爬，后来一次当他爬到山腰时他向山下望了一下，随后从山上回到了地面，然后离开崖底。

一群学生以为士元退缩了，一阵议论。谁知士元是发现悬崖旁边有一条小路直通崖顶，他沿小路上行虽然距离有些远，却让他不费力气就到达了崖顶。智者见后很是高兴，当众宣布士元就是新的书院掌座。

士元事后向众人解释说："书院后山的悬崖非人力可以攀登，但是只要于山腰处低头看，便可见一条上山之路。老师经常对我们说'明者因境而变，智者随情而行'，就是教导我们要知伸缩退变啊！"

智者满意地点了点头说："若为名利所诱，心中则只有面前的悬崖绝壁，天不设牢，而人自在心中设牢。在名利牢笼之内，徒劳苦争，轻者苦恼伤心，重者伤身损肢，极重者粉身碎骨。"智者为两名学生出的这道考题，并不是要看看谁的体力好，身体强壮。因为他深知无论多强壮的人，都无法凭借一己之力从崖底到达崖顶。智者只是想通过此看到谁会不被功名利益所牢困，只有心境释然的人才是他最终要选择的人。

就像我们在追求幸福时一样，如果被幸福所牢困，就会像心明一样，眼里看到的只有掌座之位，只是盲目地去攀爬悬崖，极力去用一种不可能的办法去实现自己的目的，那你追求幸福就会成为你实现幸福的阻碍。

而如果能像士元那样，用释然的心境去思考，用自己可以做到的方法走向崖顶，那么你所追求的幸福就会很快来到你的身边。

不要让你所追求的幸福变成你的枷锁，不要用功利的方法去实现你所追求的幸福，因为这样你就不能明白真实实现幸福的方法，只会在追求幸福道路上增添更多的阻碍。

想要到达幸福的终点，不能单靠执着的勇气，还要有一双能发现正确路径的眼睛。想要到达山顶，不一定只能靠攀爬，走盘山道或许会更容易一些；想在大海里游行，不一定要变成鱼儿，去坐游轮也一样可以；想在天空中翱翔，不一定要变成雄鹰，用滑翔伞也一样可以。

一个年轻人有一个梦想，就是成为一个旅行家，那是他的幸福目标。于是他找到一位知名旅行家请教如何才能成为一个成功的旅行家。

旅行家问青年："你为什么想要成为一个行者?"青年答："噢，先生！我想您是听错了，我不是想要当一个行者，我是要成为一个像您一样成功的旅行家，这是我一生的梦想，是我所求的幸福。"旅行家说："旅行家只是别人对我的尊称，我只是一个从一座城市走到另一座城市的行者而已。"年轻人觉得这个旅行家并不诚恳，于是他独自出发了。

一年后，年轻人突然接到了那位旅行家的电话，旅行家问："你去行走了吗？实现了梦想，是不是觉得很幸福?"青年答："我去旅行了，不过不太顺利。我一直想去一座圣山朝拜，可惜去往那山顶的路塌陷了，修路的工人说要一年才能修好。

所以我回来了，只能明年再去。"旅行家说："你知道我现在在哪儿吗？我正站在你所说的那座山的山顶。"青年惊呆了："您是怎么上去的？难道那条路这么快就修好了吗?"旅行家说："不，路并没有修好。但你并没注意到，这座山正处两国交界，一边的路是坏了，但是另一个国家还有一条路可以上山，虽然要绕大半圈才能到达，但是远比等上一年要快了很多。"青年恍然大悟。原来旅行家和自己一样，有着同样的幸福目标。

只是自己被"旅行家"这个幸福名利所迷，并没有去用心思考什么才是实现目标的正确方法。后来青年与旅行家一起行走世界，用一颗行者的心去实现了自己的幸福目标。

用坚定的意志去实现自己的幸福是对的，但是我们不能被所追求的幸福迷惑。有了幸福目标后，应该把更多的精力和心思放在寻找实现幸福目标的正确方法上，这样才能顺利地实现我们的幸福。就如渔民捕鱼一样，好的渔民为了捕获更多的鱼，会先修好自己的渔船，织好自己的渔网，寻找到鱼群最多的水域，这样渔民才会有更多的收获。如果一个渔民一心只想着收获后的喜悦，不顾及一切地出航捕鱼，那最后捕获的或许只有海水。

幸福本就是一个无法诠释的词语，因为每个人所追求幸福的目标不相同。但不论我们的幸福是爱情，是健康，是事业，是荣誉，还是其他的什么，都要切忌被这些幸福名词所迷惑，否则这些名词只会成为我们实现幸福的阻碍。

用更平静的心态来对待这些幸福名词，不要把心思都放在幸福的表面，应该把这些心思更多地放在寻找实现幸福的正确方法上，这样我们的幸福道路才会变得更加顺畅，即使遇到阻碍，我们也会找到方法去逾越它，最终实现自己的幸福目标。

保持一颗从容的心去感受幸福

太在意别人的眼光是幸福的威胁。在现实生活中，我们常常也会因为别人的一个眼神、一句笑谈、一个动作而心生不安，思虑重重，甚至寝食不安。其实这些眼神、笑谈、动作在很多时候是没有意义的，只是因为我们自己在乎，所以才会为之心乱。

忙碌的生活也是幸福的威胁。幸福应该是从容不迫的。幸福原本是每个人的好朋友，经常去拜访每个人，但很多人都因为太忙碌生活而顾不上招待幸福。幸福受到了冷落，就不愿再来拜访了。

在充满矛盾和苦痛的尘世里，如果我们不能以一颗从容的心去生活，想做到不畏人言、不畏人笑，慢下生活的步调，只怕很难。

从容的心其实就是一颗平常心，就是摒弃了内心的非分欲望，本着率真的自然之心生活，只有如此才能活得坦荡，活得洒脱。惠能大师告诫弟子们说：只有抛弃了内外、生死、善恶、是非、祸福、利害、明暗等一切相对，不偏执拘束于任何一端，人才能进入自由自在、无所羁绊的精神境界。

白云禅师与师父杨岐方会禅师对坐。杨岐方会禅师问白云禅师："听说你从前的师父茶陵和尚开悟时说了一首偈，你还记得吗？"

"记得。"白云答，然后他又恭敬地说，那首偈是"我有明珠一颗，久被尘劳关锁；一朝尘尽光生，照破山河万朵。"

杨岐方会禅师听罢，大笑数声，一言不发地走了。

白云禅师怔怔地坐着，不明白师父听了自己的偈为什么大笑，他的心里愁烦极了，整天都在思索着师父的笑，可他又找不出大笑的原因。那天晚上他辗转反侧，苦苦地参了一夜也无法入睡。第二天一早他就去请教师父为什么大笑。

杨岐方会禅师又大笑起来，说："你还比不上一个小丑呢，小丑不怕人笑，你却怕人笑！"白云禅师听了，豁然开悟。

参禅寻求自悟的禅师把自己的心思寄托在别人的一言一行，并因此而苦恼，真的还不如小丑能笑骂由人，了脱生死呢。

寒山曾有一诗云：吾心似秋月，碧潭清皎洁；无物堪比伦，更与何人说。

这首诗旨在说明我们本然的天性就似明月、碧水。禅心告诉我们，人间的一切喜乐我们要看清，生命苦难我们也该承受。禅的伟大也就在这里，它不否认现实的一切，而是开启我们的本质，教导我们认识心的实相；它不教导我们把此物看成是他物，而是教导我们此物即是此物，他物即是他物；它让我们认识自身，拭去种种尘埃，寻找清明内心，最后回归自我。

一个人只有认识到宇宙万物，包括生死、善恶、是非、得失等种种相对，它们的本性是统一无别的，才能够常守清净本心，不被外界的种种欲望所迷乱、困扰，才能超然物外、无所束缚、独立自主，真正做到"人到无求品自高"。在当今这个竞争非常激烈，工作也显得千头万绪的紧张形势下，很多人会感觉活着真是很累，生活也真是充满了无端的烦恼，这样的感叹包括我自己在内也感到很无奈。

怎样认识生活，如何理解生活的竞争和重负，每个人的感受不同，因此所反映出的精神状态也就不同。

因为我们的心情始终保持着一种恬淡从容的状态，所以你就会感觉到生活永远是美丽的。不知道你是否有这样的经历，在河畔总是有这样一些垂钓者，他们清晨很早就走出家门去，在夕阳下拎着一只空荡荡的鱼篓回到家里来的时候，却仍然是喜滋滋、乐呵呵的样子。在不理解个中乐趣的人看来，他们付出了一整天的等待和辛苦却一无所获，怎么还显得如此愉悦而惬意？往往垂钓者给出的回答是：河中的鱼咬不咬我的钩那是它们的事，可我钓上来的却是一天的悠然和快乐。对于一个垂钓者来说，原来最好最大的收获就是垂钓的自我乐趣。在他们的感觉中，快乐就是一条最肥硕的鱼。

恬淡从容是一种失败后的豁达。那些在矿井下辛苦劳累了一个晚上，早晨从地球深处走出来的矿工们，黑黢黢却写满了开心笑容的脸庞，在朝霞的涂抹下，显得是那么的生动和健康。生活中，人们往往会把矿工称为吃阳间饭、干阴间工作的人，可能在很多人看来这份工作不可能让人感到高兴和快乐。可这些工友们的回答却是：王子只有一个。但如果没有这些无怨无悔、义无反顾的"掘井者"给我们这个社会采掘出地下宝藏，哪里会有王子衣食无忧、荣华富贵的生活呢。对于一个在艰苦环境中生活的矿工来说，他们最开心、最高兴的事情就是顺利圆满地完成了当天的采掘任务。因此，恬淡从容是沮丧时的一种自我调节。

一位扫了几十年大街的老大爷，每天一个人默默无闻地把一条长长的大街打扫得干干净净，让上班赶路的人们在不知不觉中粲然走过。每天就这样循环往复、周而复始地打扫着一条长街，枯燥而又乏味，这位老大爷可以说是这个小城里最不顺心的一个了吧。可他的回答却是："这条街只有我最贴近它，也只有我可以一丝不苟地把它打扫干净。"

对于一个打扫大街的人来说，原来打扫得最洁净的就是自己的一颗心。

是的，这世界上许多事情的得失成败我们不可能预料，也不一定承担得起，我们只需尽量去做，求得一份付出之后的坦然和快乐；许多的人我们捉摸不透、防不胜防，往往是我们希望走近，而人家却早已经设好了障碍，如此我们也不必去计较，我们唯一能做的就是：在我们必须面对他们的时候，奉上我们的一颗真诚的心，然后感觉自己的坦然；许多的选择如果让我们抓住，就有可能抵达成功，但我们一次次失去机会，没有关系，那只是命运对我们的无情嘲弄而已，但它终究不可能夺去你生活中恬淡从容的权利。

平日里和同学的摩擦，和老师的斗嘴，和父母的顶撞，这些不外乎因一些小事，而被自己所谓的个性，刻意地放大了，面对这些矛盾的导火线，从容的人懂得大事化小，小事化了，坦然面对，别计较太多，吃亏是福。

与其纠结于生活上的琐事，还不如像云和水一样，从容地面对人生旅途中各式各样的小插曲，花开花谢，沧海桑田，坚持自己的初衷，放下急功近利的心，跟着心的声音寻找幸福，相信每个人都会找到属于自己的幸福。

放慢你的脚步，享受不经意间的幸福

人生是一个奇怪的过程，追求得越凶猛，往往失去得越多。

人要有追求，但不能一味地追求，人还得学会享受。人生苦短，我们不能让不断的追求湮没了原本属于我们的快乐。闲时看看云卷云舒，听听流水叮咚，弄些花花草草，何尝不是一种快乐呢？

因此，我们不妨试着放慢自己的脚步，生活的确可以是另一番美丽景象。

有一牧师，每周奔忙于讲道，还在附近社区兼了一份职。庞大的工作压力，使他不久便患上了胃病。医生建议他卸掉一些职责和活动，但他不知道该怎么着手。

一天晚饭后，他看见厨房里的妻子一边唱歌一边洗盘子，心情十分好。他不由想到和自己结婚18年的妻子，每天晚餐后都要洗盘子，时间一天一天地过去了，现在，妻子依然像以前那样在洗盘子时快乐地哼唱小曲。牧师想假如在结婚前，她就被告知每天要完成这样一个任务，展望一下18年里完全能够堆满一个车库的脏盘子，她一定会对未来的生活灰心丧气，甚至不敢结婚了。

实际上，妻子天天都在快乐地生活，因为她一天只洗一两次盘子。想到这儿，牧师恍然大悟，他忽然明白了自己烦恼的根源：他总是试图把今天的盘子、明天的盘子甚至后天的盘子一次全都洗干净，在超量工作中承受不必要的焦虑。

洗盘子的启示，让牧师放缓了工作的节奏，放慢了追逐的脚步，卸下了沉重的包袱，他的胃病也得到了缓解。

有人说，旅途是繁忙的，必须抓紧时间赶路；有人说，旅途是悠闲的，应该缓缓而行；还有人说，旅途的终点是归宿，何来紧迫与悠闲……其实，旅途最重要的不是终点，而是过程。如果只是为了到达终点，我们不会感到幸福，即使露出喜悦之色那也只是短暂的。我们应当放慢自己的脚步，让自己更好地领略沿途的风景。

放慢你的脚步，给自己一个假期，把所有的所谓的追求统统放在一边，让我们好好地呼吸身边的新鲜空气，让全身心得到彻底的放松，与家人去郊外踏踏青，感受大自然的舒适与美妙。

过多的追求只会让我们越来越对这个世界感到失望，而对它的美视而不见。

我们都期盼着成功和名誉，更期盼成功以后能带给我们更美好的生活，殊不知今天才是实实在在的。追求明天，但更重要的是活在今天。人生的意义不在于是否能到达终点，而在于你是否懂得享受过程中的快乐。

放慢你的脚步，把时间观念抛至脑后，放松大脑，放慢脚步，用心去感受一下身边的事物。踏着放慢了的步伐，不经意间，你会发现：街口新开了间饰品店，拐角的小吃店改成了川菜馆，公交车变长变新了，小区的水池里多了几条大尾巴的金鱼，枯黄的草坪变成了有生命力的绿色，高大的树木又发出了新芽，粉红色的桃花也露出了她那羞涩的脸蛋，天空似乎比昨天更蓝了，水似乎更清了，城市的日落也挺有情调……吸一口气，很清新，夹杂着花的香味，夹杂着万物复苏的味道。原来，我们的生活是如此美好，如此幸福。放慢脚步，看看你周围的风景。放慢你的脚步，走走看看，看看自己的脚步，看看后面的风景。

　　放慢你的脚步。不妨走进大自然，去感受一下流水的叮咚作响，看看鱼儿在水中欢快的嬉戏，躺在草坪上，贪婪地呼吸泥土与青草的味道，让阳光亲吻你，让风儿抚摸你；不妨像儿时那样向父母撒撒娇，依偎在他们那早已不再健壮的肩膀上，重新听听那些小时候已经听烦了的故事；不妨牵起爱人的手，像当初恋爱时那样，一起去看一场言情电影，让她幸福地依偎在你怀里；不妨取消孩子那似乎永远都上不完的补习班，跟孩子一起玩玩游戏，带孩子去他向往已久的游乐场……也许通过这些，你会有意外的收获，或许你会因此改变对生活的看法。

　　有些人一生都在忙忙碌碌，到头来却不知道自己在忙什么。

　　这样的人生注定是悲哀的，所谓的名利、金钱，到头来不过还是一场空，生不带来，死不带去。人来到这个世界上时，手是握着的，因为他想抓住这个世界；死去时，手却是松开的，什么都没带走，什么都带不走。世间，多数人是悄悄地来，然后默默地走，随着时间的流逝，被人们遗忘。于是很多人毕生都在奋斗，努力地证明自己生命的不凡。有的人选择了用事业上的成功来证实，有的人用不断争取来的权势来证实，有的人凭借巨额财产来证实，有的人用满腹的才华来证实……人在奋斗的时候，是不是应该学着放慢脚步？因为生命有时真的很脆弱。看看医院里那些与死亡抗争的人们，那些昨天还为生活奔忙的人们，他们也许本应该好好地享受生活，但却因为突如其来的病痛或是灾难而不得不离开令他们眷恋的世界。

没有人知道明天会有什么事情发生，更没有人能预知生命的尽头在何处。往往好多人都是在生命垂危之时才发现，拼搏了一生的金钱或权势在这一刻都是毫无意义的，因为什么都无法拯救他们的性命。于是，人们才后悔在健康的时候不晓得这个道理，终日忙着工作而忘记了健康才是最宝贵的财富；才后悔之前很少跟家人坐在一起聊聊家常；才后悔好多年没有回故土，去重温一下家乡的气息，去探望家中年迈的亲人……

苏格拉底曾与人相约去爬山。那人一路赶来，气喘吁吁。姗姗来迟的苏格拉底便问："你来的路旁有什么吗？"

"我不清楚，我只顾向前。"那人沮丧极了。

于是，苏格拉底便拍拍身上的尘埃，娓娓而谈："真是太遗憾了，我已经欣赏完了沿途风光。"

其实，不光是生活，人生道路又何尝不是如此呢？漫长的一生，如果只注意最初与最后的事物——诞生与消亡，那生命也许太平淡无奇了，如果我们连人生旅途上的过程都要一笔带过的话，那生命未免也太没有价值了。

对于生命，无论你我，都只能拥有一次，在这仅有的一次生命进程中，我们确实需要放慢自己的脚步，欣赏生命中一个个的灿烂点滴，去品味生命过程的意义。生命不在结果而在过程，不是吗？

我们每次送客人都要说"慢走"，慢表达了挽留之情，慢也表达了温馨的叮咛；看到别人做事，时常叮咛"慢点儿"，慢可以稳重，慢可以不出差错。当有人为事情着急时，我们的安慰是"别着急，慢慢来"，慢可以缓解紧张的情绪，慢可以开发智慧解决问题。朋友开车时，我们告诫他"慢点儿开"，慢意味着安全。

生命是短暂的，不要在生命中留下太多的遗憾。如此，我们才能用一种超然的心态对待眼前的一切，不以物喜，不以己悲，不做世间功利的奴隶，也不为凡尘中各种牵累、烦恼所左右。如此，我们才能在当今社会愈演愈烈的金钱物欲和眼花缭乱、目迷神惑的世相百态面前凝神静气，做到坚守自己的精神家园，让生活多一些光亮，多一份感觉。

放慢你的脚步，让我们欣赏到很多生活中不经意的美；放慢你的脚步，让轻松和自在充满心间；放慢你的脚步，让欢喜和感恩写在脸上；放慢你的脚步，享受生命中的感动和给予；放慢你的脚步，欣赏周围的山河大地、人文自然；放慢你的脚步，品味生活的点滴幸福。

豁达，为幸福保驾护航

幸福，对于今天的我们而言有很多种，不仅仅是爱情、家庭，还有很多，对事业的追求，对自我的实现，对朋友的付出……看似复杂的幸福，其实很简单，就好似如今委曲求全不再是女人的义务，多数的女人越来越注重内心真实的感受，这就是我们要的幸福，然而面对现实的残酷，在理想与现实的纠结中，往往苦恼不已。我们不得不以一种豁达的心境去对待，以减轻自己的苦恼，增加自己的幸福。

大智若愚有时候并不是一种懦弱，恰好是一种豁达的心境，这让我们学会主动屏蔽那些不快乐，给自己的心房留多一点儿空间，去迎接明天会来的幸福。只要自己的心保持着豁达的心态，你就能拥有距离幸福一厘米远的特权。

新东方学校创始人俞敏洪曾给新东方的管理层讲过一个故事。这是一个关于禅宗的故事。

在一个三伏天，寺院的草地上枯黄了一大片。小和尚对师父说："快撒点儿种子吧，好难看啊！"师父说："等天凉了，随时。"中秋时分，师父买来了一包草籽，叫小和尚去播种。秋风吹起来，草籽边撒边飘。小和尚就说："不好了，好多种子都被吹飞了。"老和尚说："没关系，吹飞的多半是空的，撒下去也发不了芽。随性。"撒完种子之后，接着就飞来几只小鸟。"要命了，种子都被鸟吃光了。"小和尚着急地说。师父说："没关系，种子多，吃不完。随意。"半夜一阵骤雨来袭，小和尚早上冲进禅房对师父说："师父，这下可真完了，好多草籽被雨水给冲走了。""冲到哪儿它就在哪儿发芽。"师父说，"随缘。"一个星期过去了，原本光秃秃的地面居然长出了很多青翠的草苗，一些原来没有播种的角落也泛出了绿意。小和尚高兴地直拍手。师父点头说："随喜。"

这里的"随"不是"跟随"的"随"，而是顺其自然的意思，要不抱怨、不过度、不强求，心胸豁达地看待所发生的事情。"随"不是"随便"的"随"，而是把握机缘，不悲观，不刻板，不慌乱，不忘形。如果做一切事情都是刻意强求，不仅会心情烦躁不安，手里紧握的一点儿知足的幸福也会随之消散。当草籽被雨水冲走以后，在别的地方还会发芽。当你失去某种东西以后，你心灵的种子可能已经在另外一个地方开始开花了，它可能会长出另外一种美丽的果实来。

豁达其实是和谐的一种内在的元素与外在的表现。内心不豁达，身心难和谐，内心不和谐，表现难豁达。威廉·特姆坡曾说过："谦卑并不意味着多顾他人少顾自己，也不意味着承认自己是个无能之辈，而是意味着从根本上把自己置之度外。"回过头来想一想，在你与父母有所争执的时候，其实仅仅是因一个小小的意外，而在这一过程中，无论你是对是错，但只要你有颗豁达的心，去体谅一下父母的用心，或者放下态度来解释，那你不仅把自己置之度外，还可以给自己的家庭带来幸福与温暖，何乐而不为呢？我们不也一直希望自己有一个幸福美满的家庭，即使像电视里的肥皂剧。

现代社会的人，欲望越来越强烈，想要得到的东西越来越多，想要解脱的事物也越来越多，于是往往容易忽略掉别人的感受，而刺激了自己的霸道。你可曾觉得，在这无数的争夺战之中，自己失去的越来越多，离幸福近在咫尺却无法触摸。

面对得与失，我们应该生活在潇洒与豁达的心境中。在知道你失去了东西之后，能够用一种开放的，快乐的心态来对待自己的生活。你要承认自己是人，而不是神。当别人批评你时，指正你的缺点的时候，你承认自己有这个缺点，你可以改正，但是你不应该因为别人指责你的缺点而感到愤怒。当别人说你长得很矮的时候，如果事实确实如此，你就承认了。不能改变的事实，我们没有必要去计较。

　　有个小男孩，有一天他妈妈带着他到杂货店去买东西，老板看到这个可爱的小孩，就打开一罐糖果，要小男孩自己拿一把糖果。但是这个男孩却没有任何动作。几次的邀请之后，老板亲自抓了一大把糖果放进他的口袋中。回到家中，母亲好奇地问小男孩，为什么没有自己去抓糖果而要老板抓呢？小男孩回答得很妙："因为我的手比较小呀！而老板的手比较大，所以他拿得一定比我拿得多很多！"

　　这是一个聪明的孩子，他知道自己的有限，而更重要的，他也知道别人比自己强。承认别人比自己强不是一件懦弱的事情，凡事不只是靠自己的力量，学会适时地依靠他人，是一种谦卑，更是一种聪明，也是一种幸福，因为你可以得到比靠自己能得到的更多。

　　于丹说，做一个豁达的人。当谈及山川给予人的豁达，于丹感同身受。当一个人的压力很大的时候，仅有儒家是不够的，还需要道家。于丹认为儒道是生命中不同时期的两种状态。比如说，工作时穿着职业装，应顺应集体认同规则，很儒家；但穿上休闲装，瞬间就可以很道家了。现在，登泰山有索道，还有这么多旅游设施，但最好是不让这些物质的依托，淹没了心中那种自由浪漫的心性，只有这样心才能够飞扬起来。

　　一次，大雄被胖虎欺负，向哆啦A梦抱怨，哆啦A梦对大雄说了这样一句话："每次被人欺负使坏，你试着笑着原谅他宽容他怎样。"一句用句号收尾的话，隐藏了多少豁达，因为哆啦A梦知道，只有这样，才能让大雄开心，也才能让自己开心。

让自己的心豁达一点儿，为自己的幸福保驾护航。因为很多时候，幸福是靠自己的努力争取来的，如果不能调整好自己的心态，去面对这无常的社会，你永远都只能沉浸在痛苦的深渊里。或许会有人向你伸出手，但你却不愿意牵起那沉重的幸福。

幸福其实很简单，很平凡，它需要你用心去体会，用心去对待。

总是会有人说，傻人有傻福，为什么呢？不就是因为他们思想很简单，只要有一点儿拥有就能知足，他们不去争、不去抢，他们心里的豁达，不就是我们所需要的吗。

第四章 对他人的付出也会使我们获得幸福感

与人相处时收敛自己的控制欲

有一个年轻人，娶到了一个很美的妻子，他很爱她，对她百依百顺，但是他总是怕失去她。因此，不允许她出门，不允许她交朋友，只准她在家里等待他。他觉得自己很幸福，可是不知道为什么妻子总是闷闷不乐，时间长了，妻子变得很憔悴。

年轻人不知道该怎么办，他怕失去她，又不想让她不开心。朋友看到他整天沮丧的样子，很为他担心。于是告诉他附近山上有一座禅院，里面有个老禅师，或许能够帮助他。

禅房里，年轻人向禅师诉说了自己的心事。禅师摇头轻笑，从禅房外面捧起一把沙土放在年轻人面前。"抓起一把沙土"，禅师说。年轻人照做。"握紧它"，年轻人依旧照做。只见年轻人的手越握越紧，沙土顺着指缝开始流出来。禅师说："幸福就像这把沙土，你握得越紧。反而流失得越快，你轻轻捧在手中，反而能永远拥有它。"

绝对的控制并不能留住幸福，反而会使幸福像手中的沙土一样流走。抓得越紧，流得越快。真正的爱不是占有，而是给对方自由，让其快乐。给爱情充足的空间，让它去旅行，去翱翔。喜欢一朵花，把它摘回家，花儿很快就会枯萎，留它在花园中，想看的时候就来，它会鲜艳很久。没有了自由，爱情也就失去了活力，最终只能凋谢。

泰戈尔说，你如果爱他，就像阳光一样温暖他，并给他自由。真正爱的方式，是急他所急，爱他所爱，努力地使他感到快乐并给他自由，而这自由，不但是给他的，也是给你自己的。不必建立一座爱情的牢笼，困住他的同时也困住了自己。如履薄冰、如坐针毡的爱情，你自己也不会感到幸福。

爱情是需要谋略的，如果你想得到一个人，就放他走，如果他不回来，说明他本不属于你；如果他回来了，他就属于你，并且永远属于你。控制欲会使人丧失自我，也会丧失伴侣。就算本是属于你的，强烈的控制欲不但不能把他抓得更牢，反而会把他吓跑，本来属于你的，也会离你而去。

台湾红星胡因梦，曾演出40多部电影，是无数宅男心中的偶像。胡因梦在感情上，最为人熟知的，就是和李敖的那段婚姻了。他们在1979年相遇，能歌善写的胡因梦遇见了才华横溢的李敖，立刻擦出了火花，甚至闪电结婚，在当年可以说是轰动一时。李敖曾说，胡因梦是一个又漂亮又漂泊；又迷人又迷茫；又优游又优秀；又伤感又性感；又可理解又不可理喻的女人。

然而他们的婚姻只持续了短短的三个月，一出才子佳人的唯美爱情故事最后竟演变成悲喜交加拳脚齐飞的惊悚戏。胡因梦说，爱上李敖是因为他的才华，被迫离婚是因为他的控制欲太强。

才子佳人的结局令人扼腕叹息，也告诫我们，即使是再美丽的爱情，也需张弛有度，不能过于独断，不给爱情一点儿自由的空间。爱情不是绝对的占有，而是让对方感到快乐。

张小娴在《面包树上的女人》中说，爱情到底是吞噬还是回吐？有时候，我想把你吞下肚子里去，永不分离，有时候，我却想把你吐出来，还你自由，也还我自由。爱情中的男女总是喜欢时刻地拥有对方，而又觉得不自由，所以吞吞又吐吐，殊不知，吞吞吐吐是很伤胃的。占有和释放，我们伤害的是自己。每个人的感情，只能被分享，而很难被理解。

每个人都是孤立的，没有谁是属于谁的。爱情的责任是守护，而不是吞吐。

爱情是多么轻松美好的事，不要给爱情蒙上占有的阴影。在天地间，自由自在地相爱，闭上眼睛感受对方的存在，而不是抓在手中，像捍卫领地一样时刻地提防着，时刻武装着，这样才能获得爱的幸福。

有一个小朋友偶然得到一只小白猫，他很爱它，它是那么的可爱，又是那么的纯洁，它叫起来那么温柔，小朋友只想时时刻刻地跟它在一起，所以把它放在一个小笼子里，不管去哪里，都带着它。一次，他的邻居家里的小妹妹看到了这只可爱的小猫，想让小朋友把它放出来，一起陪它玩。可是小朋友是如此爱这只小猫，他立刻拒绝了，他不想和别人分享小猫咪。若有所失的小朋友以最快的速度飞奔回家。他感到了前所未有的不安全感。他觉得把它放在笼子里还是会失去它的，于是，他就把它紧紧抱在怀里。

抚摸着小猫毛茸茸的柔软身躯，小朋友感到了幸福和安心。小朋友就一直抱着猫咪，吃饭，上厕所都不分开，到了晚上睡觉的时候，小朋友把小猫放在床边，想和它玩儿。谁知道小猫竟然一动不动了。原来小朋友把猫咪抱得太紧，竟然使它窒息而死了。

绝对的控制欲使小朋友失去了他心爱的猫咪，后悔也无济于事了。所以，爱他，不要把他抱得太紧，否则他会窒息的。

《我的忧郁青春》这部畅销小说是根据真人真事改编的故事，讲的是一名出身工人家庭的女子在进入大学就读的头一年患了忧郁症，这在很大程度上是由于她的控制欲超强的母亲。女儿最终考上了母亲要求的学校，却患了忧郁症，得不偿失。控制她并不是真正地爱她，爱她，要让她自由。

宫崎骏的动画片，很多人都喜爱，他的笔下有一个借物小人艾莉缇，他们的家族长得和人类的手指一样大。在他们的小人王国里，有着和人类一样的生活、情感和快乐。可是艾莉缇却和一个叫小翔的人类小男孩相爱了。

小翔看到艾莉缇的第一眼就被这个有生命力、有活力又美丽的小女孩吸引了，但是他却不想打扰她，他只是默默地帮助她，直到最后，艾莉缇要搬家到很远的地方，小翔还是不忍心挽留她，他知道挽留她就是伤害她，所以只是轻轻地抹去眼泪并轻声道别。

他们的爱情故事跨越了种族，在我们的心上留下了一泓清泉。没有占有，而是给对方自由，爱他，就让他往更好的地方飞去。学会对你的控制欲说不，这样你才能获得真正的爱情。

如果爱难以偶遇，不妨亲自培养

很多人不远千里去寻找爱，长途跋涉却收获甚微，还落得身心俱疲。殊不知，世外桃源无觅处，万紫千红在身边。当我们跋山涉水却收获甚微时，却发现原来爱就在身边，不必千里迢迢跋涉去找，只是来得太容易的爱，容易被我们忽略。

爱一旦得到，就会生出很多问题，原先对爱的完美憧憬也会落空。于是，我们会错以为，身边的爱，不是爱，真正的爱还在等着我们去寻找。这种想法错在不懂得爱，刚刚得到的爱，如同一棵抽芽的小树，需要精心的培养和爱护，才能长成参天大树，根深叶茂。

爱上一个人不需要靠努力，只需要靠际遇，是上天的安排，但是持续地爱一个人就要靠努力。好好珍惜你身边的那个人，爱就在你身边。世界上的人虽多，但在下雨的深夜为你撑起一把伞的，只有一个。

18岁那年，女人认识了男人，男人很穷，但是男人不怕吃苦，肯干，而且对女人疼爱有加。在经过几个月的相处后，女人和男人同居了，男人对女人很好，女人在家收拾家务做饭等着男人回来，他们很拮据却很幸福。春节，男人带女人回家见了父母，女人很勤快，人也很好，男人的父母很喜欢女人。女人对男人的父母也很好。

19岁那年，女人怀孕了，男人心疼女人，不愿意女人为他去流产，和家人商量后决定留下这个孩子，这是他们爱情的第一个结晶，女人很开心。岁末的时候，女人生下一个男孩，家里人都非常高兴。虽然这个小家什么也没有，女人也很满足，因为她有儿子和男人。

儿子长大了一点儿的时候，男人决定下海经商，女人也很支持，于是，男人辞去了工作，拿着家里仅有的一点儿积蓄和借来的钱做起了生意，因为没有做生意的经验，几个月后，他亏得血本无归。为了使男人东山再起，女人借遍了娘家所有亲戚的钱帮助男人，因为有了失败的经验，这次的生意做得很好，不久男人便自己做起了老板。生活渐渐好了，他们也买了新房子。女人以为他们会一直这样幸福下去。

　　渐渐地，男人开始觉得，年轻时根本不知道什么是爱情，而和女人之间的，顶多也只能称之为亲情了，于是他开始寻找爱情。

　　终于他寻到了一个让他心动不已的人。女人也发现了男人的变化，但是女人没有去质问男人，因为她不敢问，问过的结局是难以想象的。

　　纸终究包不住火，男人还是提出了离婚，女人担心害怕的这一天终于来了，女人平静地答应了分手，她只要求要自己的儿子，男人答应了。女人在外面找了份工作，一个人带着儿子勉强可以生活。分手后，男人带着让他心动不已的情人，住进了那个曾经他和女人的家，他以为他终于拥有了爱情，可是他一点儿也不快乐，情人带给他的只是激情，并无其他。女人走了，他感觉家里空荡荡的，没有家的感觉，渐渐地，他开始想念女人，男人发觉还是女人比较了解他，发觉女人对他来说真的很重要。于是男人找到了女人，希望女人能和他复婚，希望女人再嫁给他一次。

　　女人看着男人回心转意，流着泪也就没有多说什么，女人原谅了男人，但是这次女人没有跟着男人直接回家，而是要求举行这么多年男人一直欠她的婚礼。

　　在婚礼进行曲中，男人和女人再次结婚了，从此，他们再也没有分开。

　　爱情就在身边，可叹人们总是失去爱之后才发现爱的存在。对于男人和女人来说，爱情来得这么容易，幸福如此简单，但是直到再娶女人的时候，男人才明白这个道理。

时间冲淡了爱情，但爱情还是存在的。激情不能维持，爱情需要经营，培养身边的爱情，远比重新寻到的爱情来得长久。岁月是爱情的天敌，爱情要战胜岁月，我们要的是宽容而不是冷落，要的是温情而不是激情。

有人说，在一起一天拉手上街那是激情，在一起一年拉手上街那是恋情，在一起五年还能拉手上街那是感情，30 年后，拉手上街，那才可以称之为爱情。爱情在时间的培养之中，生根发芽，枝繁叶茂。

幸福不是远在天边，需要我们去寻找，而是平凡的生活中，每天睁开眼睛，阳光和你都还在，那就是幸福。爱情就像孩子一样，生了出来，需要悉心培养，孩子会生病，会淘气，会哭闹，身为父母的我们，要耐心，要用心，才能把我们的孩子培养成人。

也许现在，人是因为自由太多，才会有太多的欲望。古代盲婚哑嫁尚能相敬如宾，现在人们自由恋爱却总是半途而废。两个人在一起厌倦了，就推说是不合适而放弃。"执子之手，与子偕老"的爱情在这个年代似乎是太奢侈了点儿。

包容身边的爱，而不是重新寻找爱。一粒沙子进了蚌壳，变成了一颗珍珠，一粒沙子进入了眼睛，却只能引来眼泪。一粒沙子，之所以会有这么不同的结果，是因为，容纳它的介质不同。经营爱情需要一颗像蚌壳那样虚怀若谷的心。太纯净的爱，是无法适应这个风沙漫天的世界的。

在爱情中，难得糊涂是箴言。无须活得太明白，和爱人计较太多。不爱的人，我们尚且可以体谅、原谅、包容，深爱的人为什么不能呢？包容爱情的瑕疵，培养身边的爱吧。舍近求远是愚蠢的。即使千里迢迢寻到的爱，激情也终会褪去，最后归于平淡，只是白白浪费了时间而已。

培养爱而不是寻找爱，不要对身边的爱熟视无睹，视而不见。至尊宝在戴上金箍，皈依佛门的那一刻说，曾经有一份真挚的爱情，摆在我面前，我没有珍惜，等到失去之后，才后悔莫及。尘世间最痛苦的事莫过于此。

岁月无情，人生如白驹过隙，没有多少爱可以重来。世界上最遥远的距离，不是爱在你身边，你却未意识到，而是当你众里寻他千百度却发现爱在身边的时候，身边的那个人已经离开。

让自己对别人的生活有积极的影响

把自己变成别人的光，照亮别人，也温暖自己。生命的意义，在于付出。再长的人生，如果没有意义，活得只能如同行尸走肉，找不到归宿。让自己对别人的生活产生积极的影响，像光一样照亮别人的同时，也能照亮自己的人生，看到生命的意义。

光景不待人，人生是短暂的，我们必须在短暂的人生里找到自己的价值，体现人生的意义，使生命发挥到极致，才能不枉此生。

臧克家先生说，有的人活着，他已经死了；有的人死了，他还活着。生命的意义在于付出，付出能拓宽我们的人生，为世人留下值得怀念的东西。我们的生命有了意义，也无形中增加了生命的长度。

杜甫在寒风刺骨的破茅屋里受冻，却有着"安得广厦千万间，大庇天下寒士俱欢颜"的胸怀。诸葛亮年近古稀，不是想着安度晚年，而是立下"鞠躬尽瘁，死而后已"的决心。范仲淹有"先天下之忧而忧，后天下之乐而乐"的忧国忧民的情怀。这些人，都名垂史册，他们把自己变成别人的光，温暖了别人，也照亮了自己的人生。

自私自利的人，难以获得真正的快乐。太阳燃烧自己照亮万物，因此永远光明炽热，月亮满足于别人的馈赠，因而不时陷于黯淡。

有一个盲人，他晚上外出都提着灯笼。旁人不解，说你又看不到光，为什么还要打灯笼呢？他说："我打着灯笼，是为了给路人看的，他们有了光明，自然也会看到我，不会撞到我。"盲人把自己变成了别人的光，给路人照明了道路，也保护了自己。盲人不仅是这段道路上的光，也是我们人生道路上的光，他告诉我们，帮助别人也是帮助自己。

斯坦·布洛克，一位英国老汉，他没有收入，没有存款，没有汽车，没有房子，没有老婆孩子，这样一个一贫如洗者，却被诸多媒体称作"当代英雄"。

布洛克创办的"偏远地区医疗志愿团"（缩写"RAM"），已经在全球 10 多个国家为数十万穷人提供了免费医疗服务，其中超过六成是在美国。

美国田纳西州诺克斯维尔城的一个冬末周六的凌晨 5 点，户外的天空一片漆黑，气温寒冷彻骨。当地一家大型展览中心的停车场泊满了车辆，里面几乎都坐着人，而且大多是一家几口，不少人已经从昨晚等到现在。他们来的理由都一样：听说这里可以免费看病。

每个排队者都领到一小张黄色号码纸，静等临时诊所开门。偌大的展厅里彻夜亮着灯，几十名志愿人员一直忙到现在：摆好一排排白色工作台、一张张牙科和眼科座椅；将一箱箱医疗器材在桌面上摊开；安装各种诊疗设备。6 点钟一到，身穿黑皮夹克、一头灰褐色浓发的布洛克打开展览中心的大铁门，开始放人进来。在大厅内，来自 11 个州的 276 名志愿医生开始迎接第一批病人……周末两天下来，RAM 总共看了 920 名病人，配了 500 副眼镜，做了 94 个乳腺透视，拔掉了1066 颗牙齿，做了 567 次牙科填补。

以上便是 RAM 日常开展的免费诊疗活动的具体场景。RAM 医疗志愿团每次义诊能为许多没钱看病的人群提供切实可靠的医疗服务。

赠人玫瑰，手有余香，布洛克通过做慈善，把自己变成别人的光，使得自己的生命更加充实，更有意义。

一对老夫妻已经结婚 50 多年，一天，丈夫忽然病逝了。妻子的人生失去了中心和焦点，觉得人生没有意义，从此她进入了无休止的哀悼期，难熬地度过每一天。她的悲哀持续了几年。

后来，有一天她突然乐观起来，人也变得生气蓬勃了。她的眼睛里闪烁着一种清澈的光，给人温暖，让人欣喜。她的孙女经常去看她，几年来，她总是昏昏沉沉，没有生气，脸上总是挂着悲伤。突然间的转变让孙女很高兴但又很意外。于是，她不解地问起了原因。

祖母充满喜悦，好像要揭露什么重大的秘密一般，她说："我开心了，是因为我明白了你祖父送给我的一件礼物。""礼物？"小女孩不解。老祖母躺在安乐椅上的身子向前倾，坚定地说："你祖父明白，生活的秘密就是爱，他总是为我奉献着他的爱，我无时无刻不生活在爱中，行动上也有无限的爱。而我，总是享受他的爱，给予他的爱，远远不及他给我的。所以我不总是生活在爱中。奉献出自己的爱，才能活在爱中。如果你祖父不离开，我就不能明白。如果我离开这里，我就不能学到这堂课，爱，必须在人间才能体验。这就是他留给我的礼物。"后来女孩还注意到，老祖母开始热衷于给所有的人带来快乐。她时常去看望生病的邻居，并为他们带去糕点；她走在街上看到流浪猫，会给它们喂食；孩子们也喜欢她，因为她热心地给小朋友们讲故事。老祖母相信，把自己变成别人的光，才能获得人生的意义。

丈夫给她带来一辈子的光，现在，她也要像光一样，照亮别人，生活在爱中，生活在丈夫留给她的礼物里。

把自己变成别人的光，温暖他人，才能够获得有价值的人生。居里夫人用了8年的时间研制出了镭，但她没有申请专利，而是让人们无偿享用实验成果。居里夫人说，我已经做了我能做的事。她还说，为公众幸福工作的人，她的劳动成果属于全世界人民。

当我们把自己变成别人的光，照亮别人的同时，也温暖自己。关于奉献的例子也很多，罗姆尼就是其中之一，他是成功的企业家的典范，1984年他与人合伙开办了投资公司贝恩资本，在他领导这家公司的14年间，公司的年投资回报率为113%。关于他的成功，他的联席创始人贝恩是这样评价的：罗姆尼的工作态度，善于分析的头脑，对小家和大家的奉献精神是其成功的关键。

生而在世，我们需拥有点灯的盲人那样的智慧，给别人带来光，才能照亮自己；我们需早点儿明白老祖父的礼物，把生命用来奉献他人，实现自己的价值；我们需作为后人的榜样，把奉献的道理发扬光大，让爱充满生活，让光照亮全世界。

裴多菲说，生命的多少用时间来计算，生命的价值用贡献来计算。人生，就应该像蜡烛一样，燃烧自己，为他人照亮。生命，在奉献中才能增值。

付出越多，收获的幸福感越多

人们总是抱怨付出不一定都有收获，这些人目光短浅，所谓一分耕耘，一分收获。没有收获指的是短期而言，眼光放长远点儿，你会发现，付出总会有收获。不要觉得你努力了一个学期却没有得到奖学金就是没有收获，因为你增长了知识，知识就是力量，这些力量总有一天会在你身上爆发出来；不要认为努力地工作却没有得到晋升就是没有收获，因为你的努力得到了同事和老板的肯定，为你获得了好人缘。

就如同那句著名的校训里所说：此刻打盹，你将做梦；而此刻学习，你将圆梦。只有给予努力，才能收获成功。

东汉末年，天下三分，英雄辈出。吴国的陆逊，大家都知道他是后来的大都督，在刘备70万大军伐吴时，火烧刘备连营七百里，救吴国于危亡。可是在他未出山前，他一直潜心研究兵法，无所作为，众人都看不起他，认为他是书呆子一个，除了读书之外别无所长，就连后来当上了大都督，吴国也有很多老臣建议孙权换了他。

陆逊的努力收获了成功。在别人都认为陆逊的读书没有什么收获的时候，陆逊相信，十年方能磨一剑，陆逊的十年积蓄为自己在掌兵符后的用兵打下了坚实的基础，厚积而薄发，最终收获了东吴的太平。不愿意给予，不愿意下功夫钻研，建功心切的人是无法获得累累硕果的。

想要收获，先给予。给予是种子，收获是果实。父母种下对子女的爱，收获了子孙满堂的天伦之乐；老师为学生种下了智慧，收获了学生的尊重和敬爱；医者种下了对病人的责任，收获了病人的信任。不想给予的人，也不能收获。

对人之事，你是否总是草草为之？等到发现自己的处境，已经被困在自己建造的"破房子"里面了。世间很多事情，都和这个故事相像，当你以为是在给予的时候，其实是在收获。吝啬于给予，收获就会甚微；大方地给予，也能得到应有的收获。

社会是一个复杂的系统，收获不能单凭眼睛看到的去计算，对于名人名企来说更是如此。

有成就的名人都是喜欢给予的。2008 年汶川地震，明星们纷纷捐款，不但帮助了灾区建设，而且美化了自己的形象，提高了知名度，也就抬高了身价。

给予越多，收获越多。世间万物皆遵从这一规则。看不到收获不一定是没有收获，应该透过现象看本质，不要被表面现象迷惑才好。看不到收获的给予，可能获得的，是潜移默化的收获，潜移默化的收获没有看得到的收获来得实际，但是往往更有价值，甚至千金难买。

一个小男孩，一个小女孩，他们是邻居，经常在一起玩儿。小男孩收集了很多石头，小女孩积攒了很多糖果。

有一天，小男孩想用所有的石头和小女孩的糖果做个交换。小女孩也表示同意。而小男孩偷偷地把最大和最好看的石头藏了起来，把剩下的给了小女孩。小女孩则如她允诺的那样把所有的糖果都给了男孩。那天晚上，小女孩抱着那些漂亮的石头，美美地睡着了，睡得很香，一夜好梦。而小男孩却彻夜难眠，他始终在想小女孩是不是也跟他一样藏起了很多糖果。

小女孩付出了所有的糖果，收获了安心的好觉和美梦，而小男孩吝啬付出，彻夜难眠。待到日后，小男孩可能会知道小女孩付出的是所有的糖果，而小男孩未必会快乐，反而难免会内疚，而小女孩坦然快乐。

其他的事也是一样。如果你不能给予百分之百的话，你总是会怀疑别人是否给予了百分之百。如果别人给予的是百分之百的付出，你又会愧疚。拿出你百分之百的诚心对待所有事情，然后睡个安稳觉吧。

握紧拳头，一无所有；张开双手，世界就在你手中。给予吧！给予的劳动越多，收获的成功越大；给予的真诚越多，获得的信任越多；给予的爱心越多，就能收获越多感恩的心，也就能使社会变得更加和谐幸福。

第五章　实现人生价值，拥抱幸福人生

爱好是获得幸福的根本之一

美国能源部部长朱棣文曾经在一所大学的毕业典礼上发表演讲，他给即将毕业的学生提出一个小忠告："当你在开始生活的新阶段时，请跟随你的爱好。如果你没有爱好，就去找，找不到就不罢休。生命太短暂，所以不能空手走过，你必须对某样东西倾注你的深情。"是的，光阴荏苒，只有爱过，倾注过深情，才能使人生不空手走过。

罗素拥有相似的幸福观，他认为，一个幸福的人，以客观的态度安身立命，他具有坦荡宽容的情爱和丰富广泛的兴趣，凭借这些情爱与兴趣，他成为许多人情爱与兴趣的对象，他便获得了幸福。在罗素的幸福观中，情爱和兴趣是幸福的主要源泉，因此，拥有兴趣爱好是获得幸福的根本之一，也是你珍贵的权利，没有人可以没收。

工作是人的立身之本，而爱好是人生活的乐趣所在。一个人应该把重心放在工作上，但是工作时间长了，免不了对职业产生怠惰，对同事缺乏热情，使自己的生活单调枯燥，人生缺乏色彩，生活的质量大打折扣。而业余爱好正是丰富人生的添加剂，是愉悦身心的有效药。在爱好带来的快乐中，可以恢复你的积极性，使你重新投入工作中，恢复原先的创造力。

现在社会上竞争激烈，生活节奏快，压力大，人们总是处在沉重负荷下。长此以往，创造力也会被压抑，一直以来不停地看书、工作、提升能力，绷紧的思维该休息一下了。该放松的时候要放松，做自己喜欢做的事情。

拥有爱好是你珍贵的权利，把自己的爱好当作工作来做，是很幸运的。但是最终能把爱好当工作的人寥寥无几，上天不可能眷恋每一个人。虽然如此，你仍可以拥有爱好，做这件事，快乐，就已足够，足不足以用来糊口，做不做得到最好，并不重要。

有一个小男孩，非常痴迷画画，他喜爱大自然，喜爱色彩。很小的时候，他就喜欢拿着大树枝在地上涂鸦。读小学的时候，他最爱上的课就是美术课，他会一丝不苟地聆听老师讲的每一幅图的含义、画画的每一种技巧。

这个孩子对画画有着一种痴迷，一旦有空闲时间他就会画画，后来父亲发现了他的这一爱好，但是并没有支持他。父亲认为，爱好画画的人数不胜数，成才的却是屈指可数。画画这条成才之路太过艰辛，也太过理想化了。于是，他开始刻意压制小男孩画画的兴趣，指引他好好学习文化知识，取得好成绩。

然而小男孩还是难以放弃对画画的热爱，他喜爱看画，喜欢画画，喜欢涂鸦，他甚至把零用钱攒起来买了画笔、调色板和颜料。父亲有些拗不过他了，父亲妥协了，他允许孩子学习画画，但是父亲允许的前提是不要耽误了功课。

后来，小男孩如父亲所预言的那样，最终也没能成为画家。但是小男孩一直保持着对画画的喜爱，毕业后，他找了份轻松的文差，业余时间很多，一有闲暇，他就会做一些插画拿出去卖，虽然算不上大师级别的好作品，但还是有很多人喜欢。他过得很快乐，尤其是他的画得到人们的喜爱的时候。

拥有爱好是一个人珍贵的权利，没有人可以剥夺。有爱好的人生充实快乐，绚丽多彩。小男孩最终并没有当上画家，但是画画带给他的乐趣并不比色彩带给画家的快乐少。

有时候，爱好与工作和学习并不冲突，不必刻意排斥自己的天性。

没有谁规定的人生意义是完全对的，也不必非把爱好做得特别好才有喜爱的资格。你觉得幸福，你就是幸福的。你觉得有意义，就是有意义。

拥有爱好是你珍贵的权利，爱好不必做得非常优秀才可以，但是在兴趣的指引下，往往能发挥自身的天分和潜能，做得非常优秀。

著名的经济学家和教育家王亚南，因父母早逝，家里非常贫寒，但是他酷爱读书。为了争取读到更多的书，他特意把自己睡的木板床的一条腿锯短半尺，成为三脚床，疲劳时上床睡觉后，迷糊中一翻身，床就会倾斜向短脚的那一边，他被惊醒过来，便立刻下床，伏案夜读。在兄长的支持下，他在黄州读完小学，毕业后考入武昌第一中学，又考入武昌中华大学教育系。中学期间，他年年都取得优异的成绩，被誉为班内的"三杰"之一。

拥有爱好是你珍贵的权利，王亚南没有让贫寒的家境阻止自己读书。后来，在他的努力下，他不像所有贫寒的人一样靠体力来养活自己，而是让读书成为他终生的事业，后来，他翻译了《资本论》，成为著名的马克思主义经济学家、教育家。

即使有所成就以后，王亚南还是坚持自己读书的爱好。1993年，他乘船前往欧洲时，客轮行至红海，突然巨浪滔天，船摇晃得使人无法站稳。这时，戴着眼镜的王亚南，手上拿着一本书，走进餐厅，恳求服务员说："请你把我绑在这根柱子上吧！"服务员以为他是怕自己被浪头甩到海里去，就照他的话，将王亚南牢牢地绑在柱子上。绑好后，王亚南却翻开书，聚精会神地读起来。船上的人看到这一幕，都无比佩服，夸中国人了不起。

拥有爱好是你珍贵的权利，不论是贫寒，还是逆境，王亚南一直保持了自己对爱好的忠诚，终于在他喜爱的领域里拓展了一片属于自己的文化天地。

80年前，胡适在对北大毕业生的临别赠言里说道："一个人应该有他的职业，又应该有他的非职业的业余爱好。业余爱好往往比他的职业更重要，因为一个人的前程往往取决于他怎样用他的闲暇时间。你用你的闲暇来打麻将，你就成个赌徒；你用你的闲暇来做社会服务，你也许成个社会改革者；或者你用你的闲暇去研究历史，你也许成个史学家。你的闲暇往往决定了你的终身。"

当然，并不是所有的爱好都会决定人生的方向和成就美好的前程，但是爱好对于一个人非常重要。拥有爱好是你珍贵的权利，没有人可以剥夺。所以，珍惜你所拥有的这项权利吧，它会使你通往成功的路途变得更加容易。

在职场中收获幸福

在工作中我们基本都会考虑过同样几个问题：我对自己现在的工作满意吗？或者是，我为什么对工作不满意，很难在工作时获得幸福感？

工作是我们赖以生存的保证，职场是我们一生拼搏的战场。在这个战场上，我们付出无数精力和时间，其带给我们的感觉好坏无疑会直接影响我们对生活的印象。如果在工作中也可以获得幸福感，我们的生活肯定更加快乐多彩。

在职场中获得幸福感，除了我们自身的专业能力，还有几点至关重要：

一、与同事相处有道

在公司里，同事可以说是和自己处境相同的人。有什么怨言或有什么烦恼的时候，可以选择性地向你的同事倾诉。

不管你工作的环境怎样的不顺心，遭遇怎样的坏，但你仍然是可以在你的举止之间，显示出你的亲切、和蔼、愉快的精神，使同事于不知不觉之间来亲近你。

人格优秀、品格高尚的人，不仅受同事欢迎，而且能得到同事的帮助。你可以将你自己化作一块磁石来吸引你所愿意吸引的任何人物到你的身旁——只要你能在日常工作中处处表示出乐于助人、愿意帮忙的态度。一个只肯为自己打算盘的人，会到处受人摒弃。

吸引同事的最好方法就是显示出你对他们是很关心、很感兴趣的。

但你不能做作，你必须真正关心别人、对别人感兴趣，否则，别人会认为你很虚伪。

与同事相处有道的方法如下：为得到对方的共鸣，必须对对方的话有所回应。

夸奖的言辞要能满足对方的自我意识。当对方对自己的赞美有良好反应时，不要就此结束，而必须改变表达方式一再地赞美。

对具有绝对信心的人加以贬抑，反而能更加亲密。

有意忽视在事前听到的有关对方的传闻，而从另一方面赞赏他。

与有自卑心理和戒备心理的人第一次会谈是很困难的，要拆除对方心理上所筑的防卫墙，应表现得平易近人。

听对方的笑语而发笑，比自己说笑话更容易使关系融洽。

同时，办公室也是一个是非场所，每天都在发生着各种各样的是非。这些是非有的是关系到你的，有的是你的同事之间的，有些是非是一些小事，有一些是关系到上司的……面对这些是是非非，该怎么办呢？最好的办法是：远离是非。

中国人常用这么一句话来排解争吵者之间的过激情绪：有话好说。这是很有道理的。据心理学家分析，争吵者往往犯三个错误：第一，没有明确清楚地说明自己的想法，含糊，不坦白；第二，措辞激烈、专断，没有商量余地；第三，不愿以尊重态度聆听对方的意见。另一项调查表明，在承认自己容易与人争吵的人中，绝大多数不承认自己个性太强，也就是不善于克制自己。

相互之间有了不同的看法，最好以商量的口气提出自己的意见和建议，评议得体是十分重要的。应该尽量避免用"你从来也不怎么样……""你总是弄不好……""你根本不懂"这类绝对否定别人的消极措辞。每个人都有自尊心，伤害了他人的自尊心，必然会引起对方的反感。即使是对错误的意见或事情提出看法，也切忌嘲笑。幽默的语言能使人在笑声中思考，而嘲笑使人感到含有恶意，这是很伤人的，真诚、坦白地说明自己的想法和要求，让人觉得你是希望得到合作而不是在挑别人的毛病。同时，要学会聆听，耐心、留神听对方的意见，从中发现合理的成分并及时给予赞扬或同意。这不仅能使对方产生积极的心态，也给自己带来思考的机会。如果双方个性修养思想水平及文化修养都比较高的话，做到这些并非难事。

人际关系带来的幸福和愉悦感永远是最直接也是最长久的。

二、收敛自己的锋芒

一个人若无锋芒，那就是庸人，所以有锋芒是好事，是事业成功的基础，在适当的场合显露一下很有必要。但锋芒可以刺伤别人，也会刺伤自己。所谓物极必反，一个人的锋芒过分外露既不容易达到事业成功的目的，也不容易推动晋升机会。

"花要半开酒要半醉"这句话的喻义是一个人活在这个世上，不要锋芒太露，才能防范别人，保存自己。这是很有道理的。凡是鲜花盛开娇艳的时候，不是被人立即采摘而去，就是衰败的开始。

人都是有嫉妒心的，而小人，嫉妒心更强，他们更多地表现在嫉贤妒能上。因而，如果你才高五斗，但不善于隐藏，锋芒外露，就很容易把别人的锋芒压下去，最终可能会给自己带来许多麻烦。

在职场中存在着这样一种自视颇高的人，他们锐气旺盛，锋芒毕露，处事常常不留余地，待人总是一副盛气凌人的样子，有十分的才能与智慧，就十二分地表现出来。他们往往有着充沛的精力、高涨的热情，对自己和别人都要求很高。但这种人却往往在人生旅途上屡遭波折。

汉代有一位名士叫贾谊，他对《诗经》过目不忘而闻名于郡中。吴廷尉当时任河南太守，听说贾谊很有才华，就把他收到门下，并且对他很是欣赏。孝文帝刚登基时，听说河南太守吴公很有政绩，并且此人原来与李斯同邑，曾是李斯的学生，于是就任他为廷尉。廷尉在孝文帝面前举荐贾谊，说他熟读百家之书，孝文帝任命贾谊为博士。

当时，贾谊才20多岁，风华正茂。每次召集大臣们开会时，各位老臣认为能力比不上贾谊，孝文帝很高兴能拥有贾谊这样富有才华的人，便越级提拔他。贾谊在一年之内就做了太中大夫。

贾谊认为汉朝当时天下已经太平，因此应当改正朔，易服色，法制度，定官名，兴礼乐。他还自作主张，草撰了新的仪规礼法，认为汉代的颜色应以黄为上，黄即土色，土在五行中排行第五，故数应用五，还自行设定了官名，把由秦传下来的规定全都改了。虽然孝文帝刚即位，不能一下子都按贾谊的意见去办，但却认为贾谊可担任公卿。大臣周勃、灌婴、东阳侯张相如、御史大夫冯敬时等贵族都因此而忌恨贾谊，常常在文帝面前说贾谊的坏话。"年少初学，专欲擅友，纷乱诸事。"于是，孝文帝疏远了他，不愿意再采纳他的建议，但让贾谊当长沙王的陪读太傅。

过了一年多，文帝召见了贾谊，与他长谈到半夜，然而"不问苍生问鬼神"，贾谊当时不能自陈政见。后又让贾谊当梁怀王的太傅。梁怀王是孝文帝的少子，很喜欢念书。后来，孝文帝封淮南后王子四人都为列侯。贾谊数次上疏谏，认为祸患从此就产生了，又说诸侯或连数郡，并非自古以来就有的制度，可进行削减。后梁怀王不幸坠马而死，贾谊悔恨自己没有尽到老师的责任，哭了一年多，也死了，当时年仅33岁。他的抱负最终也没有得到施展。

《昭明文选·运命论》讲："故木秀于林，风必摧之；堆出于岸，流必湍之；行高于人，众必非之。"这段话就是对锋芒太露的昭示。

韬晦，在旧社会，有"圣人韬光"一语。《旧唐书》里记载唐宪宗第十三子李忱在年轻未登位时，梦见乘龙上天，他母亲教他装痴作呆，"以事韬晦"，以防他人加害。

在韬晦之术中，《周易》提出"潜龙勿用"思想。孔子对此做过精辟的解释。他在《易系辞》中讲："尺蠖之屈，以求伸也。龙蛇之蛰，以存身也。"他以尺蠖爬行与龙蛇冬眠类比"以屈求伸"的策略。

当然，韬光养晦并不意味着什么事也不做，而是尽量把上司交给你的事情做好。同时，尽量少去炫耀你做了什么事，也不要到处去吹嘘你的能力。

很多人明明能力不比别人差，却总是在有好机会时轮不到自己，长此以往，难免郁郁寡欢，怨天尤人。其实在你身边的多数人能力并不是比你强多少，而是生活的智慧超过了你。相处之道不是小聪明，而是智慧的一种体现，多运用，生活一定是另一番模样，我们也会收获更多幸福。

价值观决定了幸福的高度

每个人都在寻找幸福。到底什么是幸福，一千个人会有一千种答案。

新东方的创始人俞敏洪先生，给出的幸福定义很简单：有人爱，有事做，有所期待。

既然幸福如此简单，为什么很多人都感到不幸福呢？也许是根深蒂固的功利价值观使然。

很小的时候，我们就被教育长大后要做一个有理想，有抱负的人，我们被教育"不想当将军的士兵不是好士兵"。然而，不是每个士兵都能当将军，理想很丰满，现实很骨感。随着年龄的增长，对于大多数人来说，理想被淹没在现实的烦琐生活中，实现梦想成了一种幻想，于是变得浑浑噩噩，愤愤不平，郁郁寡欢，生活也暗淡无光。

并不是只有想当将军的士兵才是好士兵，只想当好一个士兵的士兵，也是好士兵。安分守己地做好自己的事情，不攀比，也可以实现人生的价值。

国外小镇上有位年轻人，整日沿街以说唱为生，另有一个华人妇女，为了高薪，远离家人，在异国打工。他们总是在同一个小餐馆用餐，于是他们屡屡相遇。时间长了，彼此已十分熟悉。

有一次，他们又碰到了，这个妇女关切地对这个年轻人说："小伙子，不要沿街卖唱了，去做一个正当的职业吧。我介绍你到中国去教书，你完全可以拿到比你现在高得多的薪水。"小伙子听后一愣，然后反问道："难道我现在从事的不是正当的职业吗？我喜欢这个职业，它给我，也给其他人带来欢乐。有什么不好？我何必要远渡重洋，抛弃亲人，抛弃家园，去做我并不喜欢的工作？"餐馆里邻桌的人也都为之愕然。他们不明白，仅仅为了多挣几张钞票，离开家人，远离幸福，有什么值得羡慕的？在他们的眼中，家人团聚，平平安安，才是最大的幸福。它与财富的多少、地位的贵贱无关。

在小伙子的眼中，做自己喜欢的事，给别人和自己带来欢乐就是自己人生的价值，就获得了幸福。相比之下，这样的生活是平凡甚至卑微的，然而，平凡不意味着平庸，平凡说的是工作岗位，而平庸指的是生活态度。人的高贵平庸在于自己对待生活的态度，和职业地位无关。车尔尼雪夫斯基说过，生活只有在平淡无味的人眼中才是空虚而平淡无味的。空虚的不是生活，而是人的内心。

有人说不幸福的根源是追求错误的东西。那么何谓错误的追求呢？传统的价值观把难以实现的追求定义为错误的追求。须知，追求的终极永远是朦胧的，在未追求到时，人永远无法预知自己的追求正确与否。期盼嫁人的年轻女子期盼的是她完全不了解的东西，追逐荣誉的年轻人根本不知荣誉为何物。

因此追求这件事，重要的是过程。韩寒说，有自己喜欢的事就去做，这怎么都没错。追求中的人生无疑是有价值的人生，所以是幸福的人生。

也许喜爱文学的年轻人一辈子都不能拿到梦寐以求的文学奖，也许追求了几年的心爱姑娘最后成了别人的新娘。这又能说明什么呢？追求已经发生过，追求过程中的你是快乐的，结果什么都不能说明，也许得到了，你一样不快乐。

萧伯纳说，人生有两大悲剧，一是没得到你心爱的东西，另一个是得到了你心爱的东西。因为得到了你未必会珍惜，也开始为没有了追求而失落了。所以还是重视过程吧，结果淡而无味。

幸福很简单，实现自己的价值就是幸福生活。幸福不一定是金玉满堂，幸福不一定就是权力和功名，它也可以是生活中的一件小事。有事可做就是幸福，对于做好自己的事的人，充实感会让你更幸福，别人的认可也能带来幸福。

美国作家马克·桑布恩的小说《邮差弗雷德》，初版销售200万册，创造了一个图书销售神话。这本书讲的是一个平凡的小邮差弗雷德的故事。

他不像普通人一样把邮递看成是烦琐枯燥的无聊工作。而是非常热爱自己的工作。他竭诚为大家服务，并把自己的工作视为一次机会，一次改变周围人的生活的机会。正因为有这样的信念，所以他在投递邮件时愿意多走一些路，愿意将所有人都看成自己的朋友。

弗雷德是这样的平凡，做的事情又是这样的卑微，他却受到了那么多人的喜爱。因为热爱自己进行着的最为平凡的工作，他给周围的人带来了幸福，也为自己带来了幸福。他为社会做出了贡献，实现了自己在平凡岗位上的最大价值。

也许你无法选择做王子公爵，然而，并非治理一个国家才能称得上是有价值。平凡人生也能成就非凡价值。社会中的角色也许有高低之分，但是舍弃谁，这个社会都没办法正常运转。而很多不平凡的人都是从平凡的岗位上一点儿一点儿做到不平凡的。

我们必须赞成这样一种观念：快乐在于行动，而非拥有。不管拥有什么，都不能使你获得永恒的快乐，只有去做，快乐地做自己喜欢的事，实现自己认为的价值，才能快乐和幸福。

人生就像打牌，重要的不是你抽到什么牌，而是你怎么去打。不管你抽到什么样的角色，都可以实现自己的价值。态度决定一切，什么样的价值观决定什么样的人生。

我们经常看到，一个家庭中的两个兄弟，有着大相径庭的人生轨迹，但他们出生时所处的环境完全一样，这说明不同的性格决定了不同的人生。

人生是一段旅程，只有走过以后才能完整，走过以后才能评判所作所为的对与错、功与过。我们无法预知自己的历史将被做什么样的评价，所以我们只能跟着心的脚步，顺着欢愉的本性，发掘自己的潜力，坚定地朝着既定的目标走去，实现自己所认为的价值，获得自己所认为的幸福。

一千个人有一千种幸福的定义。无论怎样定义它，你都可以获得幸福。不必理睬世俗中根深蒂固的价值观念，权威有时候是迂腐的象征。学着转变自己脑中根深蒂固的世俗的价值观念，相信功名利禄不是唯一的幸福标准，做一个知足的人，认真的人，懂得感恩的人，做真实的自己，我们就会从这种真实中发现幸福的人生。

走在追梦的路上，酸甜苦乐都是幸福

记得有一位著名哲人说过："梦想是一个人心中的太阳，它可以照亮生活中的每一步。"我们心灵能够到达之处，直接与我们个人梦想的大小相关，它也与我们对是否能够实现梦想的信念强弱有关。所以，你要有远大的梦想，帮助你自我成长，也帮助你周围的人成长；要有远大的梦想，来启发及改善你自己与其他人的生活；要有远大的梦想来证明，这种启发及自由民主的梦想方式，一定可以改变世界的纷争；要有远大的梦想，因为在追梦的路上，酸甜苦乐都是幸福的。

一个具有崇高生活目的和思想目标的人，比一个根本没有目标的人更有作为。苏格兰有句谚语说："扯住穿金制长袍的人，或许可以得到一只金袖子。"那些志存高远的人，所取得的成就必定远远高于起点。即使你的目标没有完全实现，你为之付出的努力本身也会让你受益终生。

梦想是衡量个性和能力的最佳标尺。就算一个人只停留在梦想表层，根本不去努力实现它，也比没有梦想的人进步得快。

梦想越高，人生就越丰富，达成的成就越卓绝。梦想越低，人生的可塑性越差。也就是人们常说的："期望值越高，达成期望的可能性越大。"一开始心中就怀有最终目标，意味着一开始就清楚地知道自己的目的地。它意味着你知道自己要去哪里，这样你就比较清楚你现在在哪里，你迈出的每一步总是朝着正确的方向前行。

著名探险家美国人约翰·戈达德15岁的时候拟了个题为"一生的志愿"的表格，表上列出：到尼罗河、亚马孙河和刚果河探险；登上珠穆朗玛峰、乞力马扎罗山和麦特荷恩山；驾驭大象、骆驼、鸵鸟和野马；探访马可·波罗和亚历山大一世走过的路；主演一部像《人猿泰山》那样的电影；驾驶飞行器起飞降落；读完莎士比亚、柏拉图和亚里士多德的著作；谱一首乐谱；写一本书；游览全世界的每一个国家；结婚生孩子；参观月球……他把每一项编了号，共有127个目标。

16 岁那年，他和父亲到佐治亚州的奥克费诺基大沼泽和佛罗里达州的埃弗洛莱兹探险。

他按计划逐个地实现了自己的目标，49 岁时，他完成了 127 个目标中的 106 个。

不要阻止你的梦想、信仰并且鼓励你的憧憬，发扬你的梦想，努力去实现，这种使我们向上面展望，向高处攀登的能力，是与生俱有的。它是指示我们走上至善之路的指南针。

一个人要想实现他的梦想，那么，他的能力也会不断提高，并变得越来越有效能。一个人的梦想的实现，往往可以感应起一串新的梦想的努力。就在人类化梦想为事实的能力中，寻见了世界的种种希望。

马可尼发明无线电，是梦想的实现。这个惊人梦想的实现，使得航行在惊涛骇浪中的船只一旦遭遇灾祸，便可利用无线电，发出求救信号，由此拯救人的生命。

电报在没有被发明之前，也被认为是人类的梦想，但莫尔斯竟使这梦想得以实现了。

斯蒂芬孙原先是一个贫穷的矿工，但他制造火车机车的梦想也变成了现实，使人类的交通工具大为改观，人类的运输能力也得以空前地提高。

横跨大西洋的无线电报是费尔特梦想的实现，这使得美欧大陆能够密切联络。

梦想一旦提升起来，个性就会随之拔高，对自我的意识就会变得强烈。确定了目标，缩短与目标之间的距离就有迹可循，就可以一步步地趋近梦想了。

人只有具有这些梦想，才可能有远大的希望，才会激发人们内在的智能，增强人们努力的动力，以求得光明的前途。

对世界最有贡献的人，就是那些目光远大，且有先见之明的梦想者。他们能运用智力和知识，来为人类造福，把那些目光短浅、深受束缚和陷于迷信的人解救出来。有先见之明的梦想者，把常人看来做不到的事情一一变为现实。凡是成功者都做过梦想者。不论工业界的巨头、商业的领袖，都是具有伟大的梦想并持以坚定的信心、付出努力奋斗的人。

如果你想成功，首先请画好自己的梦想蓝图。

在为梦想奋斗的路上，我们永远心怀希望，对生活充满憧憬，由此产生的对人生的热爱是其他事情所不能给予的。即使也曾窘迫，遭遇险阻，但抬头看看前方我们就总能面对，回首望去，一路的成就是幸福，困苦也是幸福。

磨砺到了，幸福也就到了

世间很多事情都是难以预料的，亲人的离去、生意的失败、失恋、失业等等打破了我们原本平静的生活，以后的路究竟应该怎么走？我们应当从哪里起步？这些灰暗的影子一直笼罩在我们的头上，让我们裹足不前。难道生活真的就这么难吗？日子真的就暗无天日吗？其实，并不是这样的。在这个世界上，为何有的人活得轻松，而有的人却活得沉重？因为前者拿得起，放得下，后者是拿得起，却放不下。

很多人在受到伤害之后，一蹶不振，在伤痛的海洋里沉沦。只得到不失去是不可能的，而一个人在失去之后，就对未来丧失信心和希望，又怎么在失去之后再得到呢？人生又怎能过得快乐幸福呢？

被誉为"经营之神"的松下幸之助 9 岁起就去大阪做一个小伙计，父亲的过早去世使得 15 岁的他不得不担负起生活的重担，寄人篱下的生活使他过早地体验了做人的艰辛。他在 22 岁那年，晋升为一家电灯公司的检察员。就在这时，松下幸之助发现自己得了家族病，已经有 9 位家人因为家族病在 30 岁前离开了人世。他没了退路，反而对可能发生的事情有了充分的精神准备，这也使他形成了一套与疾病做斗争的办法：不断调整自己的心态，以平常之心面对疾病，使自己保持旺盛的精力。这样的过程持续了一年，他的身体变得结实起来，内心也越来越坚强，这种心态也影响了他的一生。

患病一年来的苦苦思索，改良插座的愿望受阻后，他决心辞去公司的工作，开始独立经营插座生意。创业之初，正逢第一次世界大战，物价飞涨，而松下幸之助手里的资金少得可怜。

公司成立后，最初的产品是插座和灯头，却因销量不佳，使得工厂到了难以维持的地步，员工相继离去，松下幸之助的境况变得很糟糕。

但他把这一切都看成是创业的必然经历，他对自己说："再下点儿功夫，总会成功的！已有更接近成功的把握了。"他相信：坚持下去取得成功，就是对自己最好的报答。功夫不负有心人，生意逐渐有了转机，直到 6 年后拿出第一个像样的产品，也就是自行车前灯时，公司才慢慢走出了困境。

1929 年经济危机席卷全球，日本也未能幸免，销量锐减，库存激增。日本的战败使得松下幸之助变得几乎一无所有，剩下的是到 1949 年时达 10 亿元的巨额债务。为抗议把公司定为财阀，松下幸之助不下 50 次去美军司令部进行交涉。

一次又一次的打击并没有击垮松下幸之助，如今松下已经成为享誉全世界的知名品牌，这个品牌正是在不断的磨砺之中逐渐成长起来的。

如果当初在得知自己患上家族病的那一刻，松下就将自己埋没在悲观之中，那么，或许我们今天就不会看到松下这个品牌了。生活中有各种各样我们想不到的事情，其实这些事情本身并不可怕，可怕的是我们无法从这件事情所造成的影响中抽身出来，尽早以最新、最好的状态去投入下面的事情。哪怕我们现在身无分文，我们可以从身无分文起步，一点一滴地打拼，磨砺到了，幸福也就到了。

图书在版编目（CIP）数据

生活需要幸福感 / 宇霏著 . -- 北京：中国华侨出版社，2020.1（2020.8 重印）

ISBN 978-7-5113-8145-3

Ⅰ . ①生… Ⅱ . ①宇… Ⅲ . ①幸福－通俗读物 Ⅳ . ① B82-49

中国版本图书馆 CIP 数据核字（2020）第 006117 号

生活需要幸福感

著　　者 / 宇　霏
责任编辑 / 黄　威
封面设计 / 冬　凡
文字编辑 / 宋　媛
美术编辑 / 潘　松

经　　销 / 新华书店
开　　本 / 880mm×1230mm　1/32　印张 / 6　字数 / 169 千字
印　　刷 / 三河市燕春印务有限公司
版　　次 / 2020 年 6 月第 1 版　2021 年 11 月第 3 次印刷
书　　号 / ISBN 978-7-5113-8145-3
定　　价 / 35.00 元

中国华侨出版社　北京市朝阳区西坝河东里 77 号楼底商 5 号　邮编：100028
发 行 部：（010）88893001　　传　真：（010）62707370
网　　址：www.oveaschin.com　　E-mail：oveaschin@sina.com

如果发现印装质量问题，影响阅读，请与印刷厂联系调换。